Bewerbermagnet

365 inspirierende Ideen, wie IHR
Unternehmen Top-Bewerber magnetisch anzieht

Dieses Ideenbuch hat Axel Haitzer – Quergeist.com – gemacht.
Die Open Innovation Profis von brainfloor.com haben dabei geholfen.

Bibliografische Information der Deutschen Nationalbibliothek

Die Deutsche Nationalbibliothek verzeichnet diese Publikation in der Deutschen Nationalbibliografie; detaillierte bibliografische Daten sind im Internet über http://dnb.d-nb.de abrufbar.

ISBN 978-3-86308-000-6

© 2011 Axel Haitzer – Quergeist.com

Umschlagmotiv
istockphoto.com – Details im Kapitel Bildnachweise

Umschlagdesign
Idee: Maximilian Wanschka
Umsetzung: Dieter Winkler

Satz
Dieter Winkler

Lektorat
Wolfgang Rasp

Verlag
Quergeist – weckt kreative Kräfte, 83115 Neubeuern
www.Quergeist.com

Herstellung
Books on Demand GmbH, Norderstedt
Printed in Germany

Inhaltsverzeichnis

Vorwort des Machers

Sie halten mein erstes Buch in Händen. Im klassischen Sinne bin ich nicht der Autor, also der alleinige Verfasser des Werkes, schon eher der Herausgeber[1], aber auch das trifft es nicht genau. Als Herausgeber hätte ich – ggf. neben der Veröffentlichung des einen oder anderen eigenen Textes – mit anderen Autoren zusammengearbeitet und die zu meiner Publikationsidee passenden Artikel anderer Autoren ausgewählt. Dieses Buch ist vollkommen anders entstanden.

Über die Open Innovation[2] Community[3] *brainfloor.com* – Sie erfahren dazu später noch mehr – habe ich über 3.300 *BrainWorker* angesprochen. *BrainWorker* sind die Mitglieder der Community von *brainfloor.com;* vor allem aber sind es kreative Ideengeber, die in Online-Brainstormings Lösungsvorschläge zu Fragestellungen der Ideensucher abgeben. Aufgrund meiner Fragestellungen habe ich 1.207 Ideen erhalten, die dann von einer zwölfköpfigen Experten-Jury verdichtet wurden. Aus den zwölfhundertsieben Antworten wurden so die 365 lesenswertesten für Sie ausgewählt.

Nachdem *Buchmacher* einer ganz anderen Zunft angehören, wäre *Büchermacher* als Bezeichnung für eine Mischung und *Autor* und *Herausgeber* infrage gekommen. Das habe ich auf *Macher* verkürzt. Das klingt kraftvoll und ist flexibel genug, um meine unterschiedlichen Tätigkeitsfelder zu beschreiben. Und so lesen Sie gerade das Vorwort vom Macher dieses Buches ☺

Mein Anteil an der Entstehung dieses Buches ist geklärt – doch wann und wie entstand die Idee zu diesem Buch? Die Idee wurde am 16. April 2010 am frü-

---

1 Hrsg., seltener Hg.

2 Open Innovation ist die Öffnung des Innovationsprozesses, also die aktive und strategische Nutzung der Außenwelt zur Vergrößerung des eigenen Innovationspotenzials.

3 Als Community (engl. für Gemeinschaft in einem sehr weiten Sinne) wird ein Gruppe von Menschen bezeichnet. Im Fall von brainfloor.com geht es um eine Online-Community; also um Menschen, die eine Internet-Plattform zur Kommunikation nutzen.

hen Nachmittag geboren, als mir Marcus Berthold, einer der Gründer und Geschäftsführer von brainfloor.com, bei unserem turnusmäßigen Treffen zum Erfahrungs- und Ideenaustausch bei Aran – Brotgenuss & Kaffeekult, stolz sein erstes Ideenbuch, *365 Ideen wie man(n) Frauen NACHHALTIG faszinieren kann*[4] schenkte. Seit 14 Jahren glücklich verheiratet, interessierte mich zwar zur Inspiration und Standortbestimmung auch der Inhalt, viel mehr faszinierte mich aber die Entstehungsgeschichte seines *Idea Books*. Und so bekam ich von Marcus zwar ein Buch geschenkt, kaufte aber am gleichen Tag von ihm für mehrere tausend Euro eine *Ideen Lounge*, um mein eigenes Ideenbuchprojekt zu starten. Nachdem die *BrainWorker*, also die Ideengeber von brainfloor.com, gutes Geld für gute Ideen bekommen, müssen die *BrainUser*, die Ideensucher – in diesem Fall also ich – für die Einrichtung einer *Ideen Lounge* – vereinfacht gesagt für die Ideen – bezahlen. Open Innovation funktioniert natürlich nicht nur, um Ideenbücher zu produzieren, sondern liefert praktisch zu jeder Fragestellung viele tolle Lösungen. Mehr zu dieser neuen Art, wertvolle Ideen von vielen unterschiedlichen kreativen Köpfen zu bekommen, erfahren Sie im nächsten Kapitel von Marcus Berthold selbst. Er erklärt Ihnen dann auch genau, was eine *Ideen Lounge* ist und wie auch Sie von dieser neuen Methode, Ideen zu produzieren, profitieren können.

Warum dieses Buch?

(Noch) vergleichsweise selten fragen Institutionen nach Prozessoptimierung mit E-Recruiting-, Bewerbermanagement- und Eignungsdiagnostiksystemen. Obwohl viele Studien und Fallbeispiele die enormen Einsparpotenziale, wie mit dem von mir konzipierten E-Recruiting-System JOBquick®, belegen, ignorieren die meisten mittelständischen Firmen diese Erkenntnisse derzeit. Auch die enorme Bedeutung des Einsatzes von E-Recruiting für die zeitgemäße Ansprache von Top-Kandidaten wird regelmäßig verkannt. Sehr häufig hingegen werde ich gefragt:

»Was müssen wir tun, um effizient qualifizierte und motivierte Bewerber anzuziehen?«

---

4 ISBN 3839156211, Verlag Books on Demand

Diese Frage treibt die Personalverantwortlichen wirklich um. Täglich gebe ich in Beratungen, Workshops, Seminaren und Vorträgen Antworten auf genau diese Frage oder erarbeite mit Klienten individuelle Lösungen. Clevere Unternehmen wollen schon heute die Weichen stellen, um auch in den nächsten Jahren die Versorgung mit Auszubildenden und Fachkräften sicherzustellen – es geht also um eine zukunftstaugliche Personal- und Ausbildungsmarketingstrategie.

Jeder braucht Ideen. Auch Personaler. Genau deshalb gibt es dieses Buch.

Lassen Sie uns kurz darüber sprechen, warum Sie neue Ideen zum Auf- und/oder Ausbau einer attraktiven Arbeitgebermarke brauchen. Schauen wir uns zunächst die veränderten Rahmenbedingungen an. Jetzt will ich Sie nicht langweilen mit Details zur *demografischen Entwicklung,* den *PISA-Studien* der OECD, den Auswirkungen des *Bologna-Prozesses,* strukturellen Veränderungen in Regionen, Branchen und Berufsfeldern oder sonstigen für Arbeitgeber Stress-verheißenden Szenarien am Arbeitsmarkt. Die Medien sind voll davon. Sie kennen die Zahlen und Perspektiven in Ihrem Umfeld. In der Folge buhlen immer mehr Arbeitgeber um immer weniger Talente. In einigen Branchen bewerben sich längst nicht mehr die Bewerber beim Unternehmen, sondern die Unternehmen beim Bewerber. Ein konsequent logischer Rollentausch aufgrund der Verschiebung von Angebot und Nachfrage. Aufgrund der bekannten Zahlen aus vielen Erhebungen und Studien ist es nicht übertrieben, von einem notwendigen Paradigmenwechsel[5] im Personalmarketing zu sprechen!

Damit nicht genug. Neben den rückläufigen Bewerberzahlen, oft bei gleichzeitig sinkender Qualifikation, haben sich die Rahmenbedingungen entscheidend verändert. So erfordern beispielsweise neue technische Entwicklungen, eine veränderte Mediennutzung, Trends wie *Social Media* oder neue Werte- und Lebensmodelle wie *Work-Life-Balance* – um nur einige Faktoren zu nennen – längst ein Umdenken; genau genommen eine grundlegende Neuausrichtung, also einen Paradigmenwechsel. Personalmarketingstrategien und Rekrutierungsprozesse müssen durchdacht und geändert werden. Das Internet hat die Art, zu

---

5 Paradigmenwechsel ist eine meist radikale Änderung des Blickwinkels aufgrund neuer wissenschaftlicher Erkenntnisse.

arbeiten, zu leben und zu denken, stark verändert. Die Generation, die jetzt in die Arbeitswelt eintritt, hat vollkommen andere Erwartungen, Fähigkeiten und nutzt andere Kommunikationsmittel und Medien als frühere Generationen.

Wer jetzt denkt, in den westlichen Industrieländern ließe sich all das mit höheren Gehältern ausgleichen, irrt. Es gibt längst viele wissenschaftliche Belege dafür, dass die Menschen – vorausgesetzt, dass das tatsächlich nötige Einkommen vorhanden ist – durch mehr Geld kein bisschen glücklicher werden. Trotz seit Jahrzehnten steigendem Pro-Kopf-Einkommen stagniert die Zahl der Menschen, die sich glücklich fühlen, auf dem Niveau von vor sechzig Jahren. Der britische Wirtschaftswissenschaftler Prof. Richard Layard[6] vergleicht die Entwicklung des Lebensstandards mit dem Konsum von Alkohol oder Drogen. Jeder, der eine angenehme neue Erfahrung gemacht habe, brauche immer mehr davon, um weiterhin das gleiche Glück zu empfinden. Es sind also andere Dinge, die für Glück und Lebenszufriedenheit verantwortlich sind.

Was jetzt? Ich denke, die meisten Personalverantwortlichen haben die neuen Herausforderungen erkannt. Einige beginnen (schon), die Erkenntnisse in erste konkrete Maßnahmen umzusetzen. Denjenigen aber, die glauben, dass das alles so weiterläuft wie bisher, gebe ich ein Zitat von Professor Kurt Weidemann auf den Weg: *„Manche wähnen sich in wärmeren Gewässern und wissen nicht, dass sie bereits im Kochtopf sitzen."*

Genau der richtige Zeitpunkt also, dieses Buch zu lesen. Nutzen Sie mit Open Innovation die Intelligenz der vielen und lassen Sie sich inspirieren von den vielen Ideen, wie IHR Unternehmen – abseits von finanziellen Anreizen – für Talente noch interessanter wird.

**»Jetzt ist VORdenken gefragt,
denn NACHdenken bringt Sie nicht weiter.«**

Wie sehen die Arbeitsplätze in Zukunft aus?
Sind es überhaupt noch ArbeitsPLÄTZE?

---

6 „Die Glückliche Gesellschaft", Autor Richard Layard, Campus Verlag, ISBN 978-3593389226

Ist es noch wichtig, dass die Menschen zur Arbeit in die Firma kommen? Zählen nur noch Ergebnisse oder wird auch in Zukunft in erster Linie darauf geachtet, dass alle eine bestimmte Anzahl Stunden pro Tag anwesend sind?

Sie ahnen es sicher längst – dies war eine rhetorische Frage. Klassische Büroarbeit ist nicht mehr an den Schreibtisch gebunden. Längst ist das nötige Wissen, um seine Arbeit zu erledigen, praktisch überall verfügbar: am Flughafen, im Zug, im Café, im Park, beim Kunden oder daheim. Das verändert die Arbeitsorganisation. Komplett!

Es hat sich noch mehr getan. Begriffe wie *lebenslang*, die früher noch mit Arbeitsplätzen in Verbindung gebracht wurden, beschreiben in Zeiten, in denen auch die meisten Ehen nicht mehr so lange halten, eher Urteile für Schwerverbrecher oder erinnern daran, dass heute lebenslang gelernt werden muss, um in einer sich in immer kürzeren Zyklen wandelnden Arbeitswelt am Ball zu bleiben. Dies gilt natürlich auch für Personaler. Die Tage der PersonalVERWALTER sind gezählt. Heute sind PersonalMARKETER gefragt, die aktiv neue Zielgruppen ansprechen. *DER Erfolgsfaktor im Personalmarketing!*

Wie sieht Ihr Produkt „Arbeitsplatz" in drei, fünf oder zehn Jahren aus? Und wie sehen Ihre Modelle aus, Mitarbeitern das lebenslange Lernen zu ermöglichen?

Leben, Familie, Selbstverwirklichung und Arbeit rücken näher zusammen.
Wie gehen Sie mit sich ändernden Werten und Wertigkeiten von Bewerbern um?
Wie ziehen Sie MITarbeiter magnetisch an, anstatt ABarbeitern nachzujagen?

In diesem Buch bekommen Sie viele Antworten und Impulse zu relevanten Fragen des Personalmarketings. Doch nur zu wissen, wie die Personalmarketinginstrumente funktionieren, bringt wenig; Sie müssen denken, fühlen und empfinden wie ein Bewerber: das ist die Grundvoraussetzung, um Bewerber zu begeistern.

Im Kapitel *Die Gebrauchsanleitung* auf Seite 54 erfahren Sie, wie Sie mit den Ideen und Anregungen in diesem Buch am besten umgehen.

Zu guter Letzt bitte ich alle Leserinnen um Nachsicht. Selbstverständlich schätze ich Frauen als gleichwertig ein – in vielen Bereichen sind sie den Männern sogar weit überlegen – fände es aber ermüdend, an jeder Stelle neben dem männlichen Begriff auch das weibliche Pendant mit anzugeben.

Beim Lesen wünsche ich Ihnen viel Spaß und jede Menge Impulse für Ihre Praxis im Personalmarketing und Recruiting! Ganz besonders freue mich natürlich über Ihre Rückmeldungen nach erfolgreicher Umsetzung und stehe Ihnen – wenn Sie möchten – gerne mit Rat und Tat zur Seite. Sprechen Sie mich einfach an. Sie erreichen mich per E-Mail unter axel@haitzer.de und unter Bewerbermagnet.com.

Neubeuern, im Juli 2011   Axel Haitzer, Benchbreaker

Kreativität, Ideen, Open Innovation

Ein Gespräch mit Marcus Berthold

Innovationen sind maßgeblich für Wirtschaftswachstum und Wohlstand. Eine Binsenweisheit. Der Erfolg nahezu jedes Unternehmens beruht seit jeher auf innovativen Organisationsstrukturen, Prozessen, Produkten und Dienstleistungen. Die effiziente Generierung und Umsetzung von Ideen ist der entscheidende Erfolgsfaktor. Innovationsmanagement sorgt mit systematischer Planung, Steuerung und Kontrolle für Innovationen.

Noch ist es üblich, dass Unternehmen neue Ideen selbst generieren. Im stillen Kämmerlein. Entdeckungen und Erfindungen werden oft jahrelang geheim gehalten, von der Öffentlichkeit vollkommen abgeschirmt weiterentwickelt und dann erst das Ergebnis präsentiert. Das herkömmliche Innovationsmodell ist ein geschlossenes System. Und genau das ändert sich jetzt. Aus Closed Innovation wird Open Innovation. Im Gegensatz zu Closed Innovation, das sich, wie der Name schon sagt, nach innen orientiert, bedient sich Open Innovation gezielt externer Kenntnisse, Einsichten und Visionen. Open Innovation öffnet, insbesondere in der Phase der Ideengenerierung und Ideenbewertung, den Innovationsprozess und nutzt aktiv und strategisch externe Akteure zur Vergrößerung des eigenen Innovationspotenzials. Das überraschende Ergebnis dabei: Mehr Ideen und dadurch mehr Innovation.

Open Innovation ist oft verbunden mit Begriffen wie kollektive Kreativität und Intelligenz, Gruppen- oder Schwarmintelligenz und Crowdsourcing. Es bedeutet, dass Aufgaben auf die Arbeitskraft vieler Menschen – meist im Internet – ausgelagert werden. Nach dem Wikipedia-Prinzip generieren hierbei viele Freiwillige – bei manchen Projekten auch gering bezahlte Amateure – Inhalte, lösen unterschiedlichste Aufgaben und Probleme oder sind sogar an Forschungs- und Entwicklungsprojekten beteiligt.

Moderne Informations- und Kommunikationsplattformen bieten völlig neue Möglichkeiten, Ideen und Wissen von Externen zu erheben und systematisch in den Innovationsprozess zu integrieren. Und genau darüber spreche ich jetzt mit Marcus Berthold. Er ist Inhaber der Innovationsagentur mindPool und Co-Gründer der Open Innovation Plattform brainfloor.com; einem Ideenportal, das Ideensucher und Ideengeber zusammenbringt. Als Experte auf dem Gebiet Kreativität und Ideenmanagement erklärt er uns, wie Ideen grundsätzlich entstehen und wie mithilfe von Open Innovation einfach, effizient und schnell Top-Lösungen entwickelt werden.

Marcus Berthold, Experte für Kreativität und Ideenmanagement

Axel Haitzer:
Marcus, du beschäftigst dich berufsmäßig den ganzen Tag mit Ideen. Lass uns ganz von vorne beginnen. Was genau ist eigentlich eine Idee?

Marcus Berthold:
Was eine Idee ist? Ganz einfach: Eine Idee ist eine Lösung für ein Problem bzw. der Weg zum Ziel!

Axel Haitzer:
Auf den Punkt gebracht! Klingt plausibel. Haben eigentlich alle Menschen Ideen?

Marcus Berthold:
Jeder Mensch hat jeden Tag viele Ideen. Eine Idee ist im Endeffekt immer eine Lösung; nicht mehr, aber eben auch nicht weniger. Ein paar praktische Beispiele verdeutlichen das. In der Früh zum Beispiel überlegen wir: „Was ziehe ich an?" – wenn man mal zu spät kommt in die Arbeit oder zu einem Termin, wird gegrübelt: „Wie erkläre ich meine Verspätung? Oder sage ich überhaupt etwas?", „Was esse ich zu Mittag" usw. – die Ideenschmiede in unseren Köpfen läuft nonstop - nur eben meist unbewusst.

Axel Haitzer:
Du sagst also, dass es die Menschen gar nicht verhindern können, laufend Ideen zu haben. Wie aber kommen wir bewusst auf besonders gute Ideen und das dann noch zielgerichtet zu den Fragen, die uns wirklich bewegen?

Marcus Berthold:
Die Basis einer guten Idee ist Kreativität. Je kreativer ein Mensch, ein Team, oder auch ein Unternehmen, desto mehr Output in Form von Ideen kann generiert werden. Und je mehr Ideen man hat, desto größer ist die Chance, dass eine geniale, innovative Idee, vielleicht sogar eine echte Innovation, darunter ist.

Axel Haitzer:
Das heißt, wo keine Kreativität ist, sind auch nur wenig Ideen. Kann man Kreativität lernen? Wie wird man kreativer?

Marcus Berthold:
Indem du das Leben mit Humor nimmst und täglich lachst. Selbst, wenn einem gar nicht zum Lachen zumute ist. Es gibt gerade im Internet unzählige Möglichkeiten, sich zu stimulieren. Zunehmender Beliebtheit erfreut sich in diesem

Zusammenhang unsere Facebook-Fanseite „Ja, wie geil ist das denn?!"[7] Die Kommentare und Posts treiben einem vor Lachen garantiert Tränen in die Augen – und schon ist man ein bisschen kreativer ☺

Aber Spaß beiseite. Kreativität besteht zu 90 % aus Gehirnleistung – ich nenne es PowerBrain – und zu 10 % aus Inspiration. Klingt unwahrscheinlich, ist aber tatsächlich so. Ein sehr gutes Kreativitätstraining ist beispielsweise Gehirnjogging; also ein Gehirntraining mit dem Ziel, die geistige Leistungsfähigkeit zu steigern. Interessant dabei ist, das belegen auch mehrere Studien, dass Gehirnjogging als Methode altersunabhängig das Gehirn aktiviert. Ein Beispiel für eine Gehirnjogging-Übung gefällig?

Axel Haitzer:
Ich glaube, ich weiß, was jetzt kommt.

Marcus Berthold:
Klar, du kennst die Übung – ist ja auch mein Klassiker. Ich bringe die Aufgabe gerne als Beispiel, weil sie schnell erklärt ist, und ohne jegliche Hilfsmittel alleine oder in einer fast beliebig großen Gruppe gelöst werden kann. Die Aufgabe lautet: „Überlegen Sie sich Namen, die mit dem Buchstaben „A" beginnen und enden. Oder Sie suchen Begriffe, die mit dem Buchstaben „T" beginnen und auf „G" enden." Es ist immer wieder erstaunlich, welch aberwitzige Lösungen den Teilnehmern dazu einfallen, und wie schnell ihre grauen Zellen in Fahrt kommen. Je öfter das Gehirn mit verschiedenen Methoden zum Jogging angetrieben wird, desto sprudelnder wird die Kreativität und Fantasie. Übrigens, die Aufgabe ist auch hervorragend für Meetings geeignet. Die Teilnehmer kommen zum Start geistig schneller in Fahrt oder regenerieren sich bei dieser kreativen Pause schnell wieder.

Axel Haitzer:
Ein interessanter Tipp. Marcus, derzeit herrscht ein großer Hype rund um das Thema Ideen und Innovation. Selbst Politiker beschäftigen sich mit Ideen. Die Bundesregierung hat die Initiative „Land der Ideen" gegründet, um Einfallsreich-

---

7 Anmerkung des Interviewers: http://www.facebook.com/jawiegeil

tum, schöpferische Leidenschaft und visionäres Denken gezielt zu fördern. Was treibt Institutionen und Unternehmen dazu, Innovation voranzutreiben?

Marcus Berthold:
Nun, zum einen handelt es sich bei Ideen und Innovationen natürlich um ein überlebenswichtiges Thema. Zum anderen aber denke ich, dass Unternehmen darin den Rettungsanker sehen, die Zukunft zu meistern.

Axel Haitzer:
Wie meinst du das?

Marcus Berthold:
Wir leben in einer extrem beschleunigten Zeit. Tempo scheint alles zu sein! Wir ernähren uns von Coffee-to-go und Fastfood oder schieben Convenience Food in die Mikrowelle, sind mit BlackBerry und iPhone auch mobil ständig erreichbar und rund um die Uhr online. Was heute „In" ist, ist oft morgen schon wieder „Out". Unternehmen müssen natürlich auf dieses veränderte Taktfrequenz reagieren – Stillstand bedeutet den Tod. Schnelle Veränderung heißt das Zauberwort. Früher suchten Unternehmen ihre Mitarbeiter anhand deren körperlicher Fähigkeiten und Muskelkraft aus, heutzutage ist das Wissen, die Erfahrung und das Potenzial eines Mitarbeiters sehr viel wichtiger als seine körperliche Kraft.

Durch das World Wide Web entstanden völlig neue Dimensionen für den Austausch von Informationen und Wissen. Die Menschen sind weltweit vernetzt. Es gibt kaum noch Monopole. Wer sich als Unternehmen im Wettbewerb behaupten will, muss sich von der Masse abheben und vor allem die Kunden begeistern. Denn der Kunde ist heute der „Dominator" – produziert wird nur noch, was der Kunde wünscht. Dies kann man vor allem am gigantischen Erfolg der „customized products" sehen. Kunden designen sich auf miadidas.com ihren eigenen Turnschuh oder gleich eine neue Snowboardjacke. Auf der Website myMüsli.com stellen Kunden ihr eigenes Müsli zusammen und lassen es sich zusenden. Alle aktiven Unternehmen und Branchen sind auf der Jagd nach guten Ideen! Und in Zeiten des Fachkräftemangels geht es mittlerweile längst auch um neue Ideen, Mitarbeiter zu binden und zu Höchstleistungen zu motivieren und natürlich darum, Talente anzuziehen – wer wüsste das besser als du?

Axel Haitzer:
Derzeit wird im Zusammenhang mit Innovation auch viel über Open Innovation und Co-Creation gesprochen. Was denkst du – sind Open Innovation und Co-Creation tatsächlich eine Chance?

Marcus Berthold:
Open Innovation ist meiner Meinung nach eine sehr effiziente und effektive Art und Weise, an „unausgesprochenes" Wissen in Form von Ideen und Lösungs-ansätzen zu kommen. Wissen, das jeder hat, verschafft keinen Wettbewerbs-vorsprung. Es ist das „unausgesprochene" Wissen, das einem Unternehmen den Kick für die nächsten 5 bis 10 Jahre geben kann.

Axel Haitzer:
Sei so gut, und erklär genauer, was man darunter versteht und wie der Trend überhaupt entstanden ist?

Marcus Berthold:
Gerne. Open Innovation ist die Öffnung des Innovationsprozesses von Unter-nehmen, und damit die gezielte Nutzung der Außenwelt, um das eigene Inno-vationspotenzial zu vergrößern. Einfach gesagt: Viele Menschen haben mehr Ideen als einer. Der Trend entstand aus der Not heraus. Wie schon erwähnt, hat kaum ein Unternehmen in schnellen und vernetzten Märkten eine Monopolstel-lung. Überall lauern Konkurrenten, und so steht der Wert der eigenen Produkte und Dienstleistungen ständig unter Druck. Um in diesem Marktumfeld bestehen zu können, muss ein Unternehmen einzigartig werden. Alleinstellungsmerkmale sind gefragt. Besonders ideenreiche Unternehmen wenden den traditionellen Märkten den Rücken zu und erschließen komplett neue Märkte und Dimensio-nen. Nehmen wir z. B. den Cirque du Soleil.

Axel Haitzer:
Du sprichst von dem Zirkusunternehmen aus Montreal?

Marcus Berthold:
Ja, genau – du gibst mir sicher recht, dass das Konzept genial ist. In dieser mo-dernen Form von Zirkus wird auf klassische Zirkuselemente wie Tiernummern

und Sägemehl verzichtet und stattdessen auf eine Mischung aus Artistik, Theaterkunst und Livemusik gesetzt. Weltweit arbeiten für Cirque du Soleil heute fast 4.000 Mitarbeiter, die Vorstellungen der Tourneen sind ausverkauft – der Cirque du Soleil ist in aller Munde. Aus der kleinen Varieté- und Straßentheatergruppe wurde ein Unternehmen, das heute einen geschätzten Wert von über einer Milliarde US-Dollar hat. Die haben einen „Blue Ocean" geschaffen, wie ihn die INSEAD Business School nennt, also einen völlig neuen Markt.

Axel Haitzer:
Eine beeindruckende Geschichte – aber lass uns bitte in der Heimat bleiben. Kann Open Innovation die deutsche Wirtschaft wirklich unterstützen?

Marcus Berthold:
Ein ganz klares Ja! Open Innovation nutzt die Intelligenz der Menge und hat Zugriff auf das unbegrenzte Kreativitäts- und Innovationspotenzial des Kollektivs.

Axel Haitzer:
Wie muss sich ein Unternehmen deiner Meinung nach in den kommenden Jahren entwickeln, um erfolgreich zu sein?

Marcus Berthold:
Unternehmen müssen sich klar werden, dass wir in einer dynamischen Zeit leben, in der schnelle Veränderungen und Anpassungen überlebenswichtig sind. Unternehmen, die es nicht schaffen, die nötigen Veränderungen rechtzeitig vorzunehmen, tun sich schwer oder werden zugrunde gehen. Diejenigen, die Veränderungen aktiv angehen und die Fähigkeit entwickeln, sich selbst ständig neu zu erfinden, zählen sicher zu den Gewinnern.

Axel Haitzer:
Welche Möglichkeiten gibt es für Unternehmen, sich weiterzuentwickeln oder gar neu zu erfinden?

Marcus Berthold:
Da gibt es mehrere Tools. Open Innovation jedoch ist aus meiner Sicht eine brillante Lösung für den ersten Schritt, also dafür, Ideen zu generieren.

Axel Haitzer:

Ich denke, Marcus, jetzt ist der richtige Zeitpunkt, einen Anwender von Open Innovation ins Spiel zu bringen. Herzlich willkommen, Walter Kensington! – Herr Kensington, Sie haben den Schritt gewagt, Open Innovation auf der Suche nach neuartigen Lösungswegen in Ihrem Unternehmen zu nutzen. Sie sind Produktmanager bei einem der größten Rasenmäherhersteller der Welt und haben zusammen mit brainfloor.com neue Ideen zum Thema „der Rasenmäher der Zukunft" gesucht. Wie kam es zu der Zusammenarbeit?

Walter Kensigton:

Ein befreundeter Manager hat mir von brainfloor.com und dem außergewöhnlichen Konzept erzählt. Ich habe mich daraufhin mit Herrn Berthold in Verbindung gesetzt, um mehr über die Open Innovation Plattform zu erfahren. Schon nach dem ersten Gespräch war ich überzeugt, dass *brainfloor.com* ein gutes Werkzeug ist, uns bei der Suche nach neuen und außergewöhnlichen Lösungen zu unterstützen. Natürlich mussten wir etwas Geld in die Hand nehmen ... aber das Ergebnis war die Investition allemal wert. Ich denke nur an die vielen Jahre, in denen wir klassische Unternehmensberater bezahlt haben, ohne die gewünschten Ergebnisse zu erzielen. Ganz zu schweigen von den vermeintlich kostengünstigen Mitarbeiter-Workshops, die selten zielführende Ergebnisse brachten.

Axel Haitzer:

Wie verhalf Ihnen denn brainfloor ganz konkret zu den neuen Lösungsansätzen?

Walter Kensigton:

Schon nach kürzester Zeit hatten wir die gewünschte Anzahl an Antworten auf unsere Fragestellung und waren hellauf begeistert. Eine solche Flut an unterschiedlichsten Ideen in so kurzer Zeit hatten wir nicht erwartet. Eine der Top-Ideen war, einen Rasen zu züchten, der nicht höher wächst als 5 cm. Das haben wir bisher so noch nicht geschafft, aber im weiteren Ideenprozess konnten wir aus dieser Idee ein anderes Produkt ableiten. Wir bauen nun auch Reinigungsmaschinen für Kunstrasen in Fußballstadien – ein durchaus lukratives Geschäft! Auch die vielen Impulse zu gewünschten Features am Rasenmäher waren sehr hilfreich. Einige davon haben wir bereits umgesetzt.

Ein weiterer Favorit aus den abgegebenen Ideen: Verrückte Sounds am Rasenmäher zu installieren. Stellen Sie sich vor, Sie mähen Ihren Rasen zum Sound eines Porsche! Natürlich gab es noch einige andere sehr gute Ansätze, die ich aber noch nicht kommunizieren darf.

Open Innovation hat uns überzeugende Lösungen gebracht.

Axel Haitzer:
Danke, Herr Kensington, für dieses praktische Beispiel. Open Innovation funktioniert also tatsächlich. Marcus, wie genau entstand eigentlich die Idee zu so einem so ungewöhnlichen Konzept wie brainfloor.com?

Marcus Berthold:
Zusammen mit meinem Partner Reinhard Karner haben wir mit mindPool in den letzten 10 Jahren über 300 Live-Ideen-Workshops für Unternehmen aus verschiedensten Branchen durchgeführt. Bei unserer täglichen Arbeit stellten wir uns irgendwann die impulsgebende Frage: „Wie können wir die Ideen-Workshops ins Internet verlagern?" Das Web ist ein hervorragendes und kostengünstiges Instrument, um viele Menschen gezielt nach ihren Ideen zu fragen. Bis jetzt nutzen nur wenige Unternehmen diese Chance. Wir schließen diese Lücke.

Axel Haitzer:
Was macht den Erfolg von brainfloor aus?

Marcus Berthold:
Der Erfolg von brainfloor und die Qualität der Lösungen basiert ganz eindeutig auf unserer „Denkgemeinschaft". Derzeit sind über 3.300 Mitarbeiter – wir nennen sie BrainWorker – in unserer Innovationsabteilung tätig. Das sind natürlich keine Angestellten im klassischen Sinn, sondern freie Mitwirkende – so eine Art Freelancer für Ideengenerierung. Für gute Ideen bekommen die BrainWorker natürlich auch Geld.

Axel Haitzer:
Wer sind die BrainWorker genau?

Marcus Berthold:
Die Talente, Ideenschleudern und Vordenker kommen aus verschiedensten Branchen, Bereichen und Hierarchien. Alle sind hoch motiviert, ihr Wissen und ihre Erfahrungen einzubringen, um die optimale Lösung zu entwickeln. Das ist einzigartig und innovativ zugleich!

Axel Haitzer:
Thema Datenschutz. Wie stellt brainfloor sicher, dass nur der Inhaber der jeweiligen Ideen-Lounge die eingehenden Ideen sehen kann?

Marcus Berthold:
Selbstverständlich sind alle Daten bei brainfloor geschützt. brainfloor verwendet ein in sich geschlossenes System. Nur der Auftraggeber der jeweiligen Ideen-Lounge und von ihm im Einzelfall autorisierte Bewerter können die abgegebenen Lösungsvorschläge einsehen.

Axel Haitzer:
Wie viele Ideen müssen bei brainfloor für eine Aufgabenstellung erfahrungsgemäß eingesammelt werden, um eine Innovation zu erhalten?

Marcus Berthold:
Die Suche nach DER Top-Lösung ist immer ein bisschen wie Glücksspiel. Unsere Erfahrung zeigt jedoch, dass 1.000 Ideen eine gute Basis sind. Sicher kann man auch weniger Ideen suchen lassen, doch die Wahrscheinlichkeit, dass man wirklich eine Innovation als Lösung erhält, wird dadurch deutlich geringer. Unabhängig davon gibt es natürlich eine ganze Menge gute und sehr gute Ideen. Aus diesem Ideenpool lassen sich durch Kombination weitere Ideen gewinnen.

Axel Haitzer:
Je mehr Menschen, desto mehr Ideen. Je mehr Ideen, desto eher eine echte Innovation. Wichtig scheint mir noch, zu besprechen, ob eine heterogene, also eine bunt zusammengewürfelte Denkgemeinschaft, bessere Ergebnisse – sprich innovativere Ideen – liefern kann als eine Gruppe von Fachkräften?

Marcus Berthold:
Ganz offensichtlich! Denken wir nur an Wikipedia. Wikipedia hat es geschafft, aufgrund der kollektiven Intelligenz seiner User-Gemeinschaft das schlaueste Nachschlagewerk überhaupt zu werden. Sogar das bis dahin qualitativ hochwertigste Nachschlagewerk, der Brockhaus, musste sich der Übermacht des Online-Lexikons Wikipedia geschlagen geben. Dies beweist ganz klar: je mehr Menschen im Innovationsprozess eingebunden sind, desto mehr Ideen werden produziert. Dass die Ideen auch inhaltlich hochwertiger sind, davon brauchen wir gar nicht zu reden. Letztendlich ist es einer Top-Idee egal, wer sie hat. Es zählt unterm Strich nur die Qualität der Idee – sprich, ob die Idee mich ans gewünschte Ziel bringt.

Axel Haitzer:
Viele Unternehmen müssen sich in Zukunft mächtig ins Zeug legen. Hast du Tipps für die erfolgreiche Generierung und Umsetzung neuer Ideen?

Marcus Berthold:
Eine wichtige Voraussetzung ist ein professionelles Ideen- und Innovationsmanagement. Einen Ideenmanager im Haus zu etablieren, ist sicher ebenfalls eine gute Idee.

Axel Haitzer:
Was kann man sich unter einem Ideenmanager vorstellen?

Marcus Berthold:
Ein Ideenmanager kann das Ideenpotenzial der Mitarbeiter gezielt für Innovationen und Wachstum einsetzen. Er kann außerdem Entwicklungsteams in den einzelnen Bereichen mit professionellen Ideen-Workshops aktiv unterstützen. Optimal ist es, Impulse über Open Innovation einzuholen, und dann in einer Live-Runde mit zusätzlichen Experten auf den Punkt zu bringen und zu projektieren.

Axel Haitzer:
Welche Fragen werden bei brainfloor gestellt?

Marcus Berthold:
Die Fragen sind sehr unterschiedlich:
Was bietet das Reisebüro der Zukunft, bei dem alle buchen wollen?
Wie können wir aus unserer neuen Bar ein Szene-Lokal machen?
Wie schaffen wir es, dass Sie unbedingt mit unseren Gartengeräten arbeiten wollen?
Welche neuen und außergewöhnlichen Salz-Produkte fallen Ihnen ein?
Wie gewinnen wir auf einen Schlag 250 Interessenten für unser neuartiges Franchise-Konzept?
Was ist das perfekte Versicherungsangebot für Senioren?
Wie sieht der Messestand aus, den alle Besucher und Redakteure sehen wollen?
Mit welcher „Geschichte" erreichen wir eine maximale Interaktion in Social-Media-Netzwerken?
Welche neuartigen Ideen gibt es rund um die Nutzung einer Kundenkarte?
Wie schaffen wir es, dass alle Zeitungen unbedingt positiv über uns schreiben wollen?
Welche neuen Vertriebskanäle gibt es für unser Produkt?
– um nur einige zu nennen.

Axel Haitzer:
Und wie ist die Qualität der Ideen?

Marcus Berthold:
Wir haben bisher mit brainfloor über 120 Ideen-Projekte realisiert. Unsere BrainWorker produzierten bisher über 30.000 neue Lösungen. Davon waren 8% Top-Ideen und 27% gute Ideen. Das Ergebnis spricht für sich.

Axel Haitzer:
Und wie sieht die Zukunft von brainfloor aus?

Marcus Berthold:
Wir wachsen. Für uns ist brainfloor international – der deutschsprachige Raum war erst der Anfang. Unsere Mission ist es, die Talente, Quer- und Vordenker dieser Welt zu vereinen und im großen Netzwerk die brillantesten Lösungen der Welt zu entwickeln!

Axel Haitzer:
Verrate uns noch dein Motto.

Marcus Berthold:
Mit den Steinen, die einem in den Weg gelegt werden, kann man tolle Dinge bauen. Ein Zitat von Goethe. Es trifft meinen Optimismus ☺

Axel Haitzer:
Optimismus ist für die Entwicklung neuer Ideen sicher von Vorteil. Vielen Dank für das Gespräch, Herr Kensington und natürlich auch dir, Marcus. Ich wünsche euch weiterhin viele gute Ideen!

Wer hat die Ideen entwickelt?

Gute Ideen kann jeder entwickeln, denn jeder Mensch ist kreativ. Und wenn ich schreibe „jeder", meine ich jeder. Die Psychologin Dr. Ida Fleiß entzaubert den Kreativitätsprozess und bringt die Formel zur Entwicklung neuer Ideen auf den Punkt: *„Kreativität ist nichts anderes als die Fähigkeit, Dinge, die nichts miteinander zu tun haben, zu kombinieren. Dazu gehört die Fähigkeit, Dinge völlig unvoreingenommen zu betrachten und sich vom Korsett herkömmlicher Denkstrukturen zu lösen."* Mit den richtigen Methoden lassen sich Ideen auf Bestellung in jeder gewünschten Menge systematisch und effizient produzieren.

Über die Open Innovation Community *brainfloor.com* wurden über 3.300 Ideengeber angesprochen, von denen sich 871 Personen für das Thema dieses Buches interessierten und die gestellten Fragen beantworteten. Insgesamt wurden 1.207 Ideen abgegeben.

Auf *brainfloor.com* kommen erfahrungsgemäß meist Laien bzw. vollkommen fach- und branchenfremde Personen auf die besten Ideen. Warum ist das so? Experten prüfen in aller Regel jeden Gedanken und jede Idee reflexartig auf Umsetzbarkeit – sie tun sich schwer, diesen automatischen Bewertungsmechanismus auszuschalten und überlegen eher, warum etwas nicht geht, als sich die Frage zu stellen „Was muss getan werden, damit man diese Idee umsetzen kann?" Nichtfachleute hingegen trauen sich eher, unvoreingenommen zu spinnen. Und genau dies ist in der frühen Phase des Ideenfindungsprozesses wichtig.

Die vollständige Liste aller Ideengeber finden Sie im Kapitel *Die 871 Ideengeber* ab Seite 160.

Das Expertengremium

Wer hat die lesenswertesten Ideen herausgefiltert?

Im Gremium unterstützen mich elf Experten unterschiedlicher Disziplinen. Warum sind es insgesamt zwölf? Ganz einfach, das hat sich bewährt. Sie erinnern sich sicher an den Spielfilmklassiker *Die zwölf Geschworenen*, den der Regisseur Sidney Lumet im Jahr 1957 verfilmte. Die Juroren, die mir geholfen haben, für Sie die lesenswertesten Antworten herauszufiltern, hatten gegenüber dem Verfahren, das die Geschworenen heute noch in Strafprozessen in den USA praktizieren, einige Vorteile: Sie haben bequem über die Internetplattform brainfloor. com gevotet, sie waren also nicht in einem stickigen Raum eingesperrt und sie mussten sich vor allen Dingen nicht einstimmig auf die richtigen Antworten festlegen.

Für zwölf Juroren habe ich mich auch deshalb entschieden, weil nur so eine für Sie wertvolle bunte Mischung von Experten aus verschiedenen Disziplinen möglich ist. *„Wenn alle das Gleiche denken, denkt keiner richtig"*, war sich Georg Christoph Lichtenberg sicher, und so sind die Erfahrungen und Standpunkte von zwölf verschiedenen Personal- und Personalmarketingexperten, Autoren, Redakteuren, Coachs, Zukunftsforschern, Serviceexperten, Unternehmern – allesamt auf jeden Fall VOR- und QUERdenker – in dieses Projekt eingeflossen.

Jeder einzelne Experte entschied bei der Bewertung der 1207 Ideen nach seinen persönlichen Präferenzen. Die Aufgabe der Experten war es, die Ideen schnell und intuitiv und ohne genaue Analyse in vier Kategorien[8] einzuteilen. Die Selektion ist trotz der gewichteten Entscheidung des Gremiums subjektiv. Obwohl fast 900 Menschen bei der Ideengewinnung mitwirkten und die Lösungsvorschläge von dem breitgefächerten Expertenwissen verdichtet wurden, gibt es – wie schon erwähnt – nicht die „richtigen", also nicht die allgemeingültigen Antworten auf die gestellte Frage, was einen Arbeitgeber zum Bewerbermagnet

---

8 [1] Top-Idee, [2] Gute Idee, [3] Idee ist ok, [4] Idee nicht brauchbar/realisierbar

macht. Die Rahmenbedingungen und Aufgabenstellungen in den verschiedenen Branchen und Firmen sind zu unterschiedlich. Nur Sie selbst, ggf. zusammen mithilfe anderer Fachleute und (Mit)Entscheider in Ihrem Unternehmen, können die für IHR Unternehmen relevanten Top-Ideen auswählen. Vielleicht holen Sie sich für die Adaption auch externe Unterstützung. Sicher ist, dass Sie nicht alle IHRE gesuchten Top-Antworten durch die 1:1-Übernahme der Ideen in diesem Buch finden – oft wird es eine Kombination aus mehreren Lösungsvorschlägen aus diesem Buch oder Ihren eigenen Ideen sein, die für IHRE jeweilige Aufgabenstellung am besten passt. Damit Sie eine noch größere Auswahl haben, stelle ich Ihnen gerne kostenfrei auch die 842 Antworten zur Verfügung, die es nicht in die Liste der 365 lesenswertesten Ideen geschafft haben. Im Kapitel *Die restlichen 842 Ideen* auf Seite 157 erfahren Sie, wie Sie schnell und einfach an diese zusätzlichen Ideen kommen.

Die Ideengewinnung sowie die Selektion und die Umsetzung von Ideen sind ein mehrstufiger Prozess. Nachdem die Ideen generiert wurden, gibt es typischerweise fünf verschiedene Phasen bis zur Umsetzung. Die Mitglieder im Expertengremium waren nur für die oben bereits beschriebene erste Phase der Vorselektion zuständig. Die weitere Qualifizierung und die Entscheidung über die Umsetzung der Ideen (Phase zwei bis fünf im Innovationsprozess-Modell) sind Ihre Aufgaben. Wie Sie mit all den Ideen und Lösungsansätzen umgehen, lesen Sie im Kapitel *Die Gebrauchsanleitung* ab Seite 54.

Jetzt ist es an der Zeit, Ihnen die zwölf Experten vorzustellen.

Die Vorstellung erfolgt in alphabetischer Reihenfolge.

Marc-Stefan Brodbeck (*1969)

Verantwortet im Konzern Deutsche Telekom den Bereich Recruiting & Talent Services, der das Personalmarketing, das Recruiting und die Personalauswahl für den gesamten Konzern bündelt. Zu seinen Aufgaben gehören die Entwicklung des Employer Branding sowie die Umsetzung eines wirkungsvollen konzerninternen und -externen Recruitings.

1. Was ist Ihr ursprünglich erlernter Beruf?
„Technisch orientierter Diplom Kaufmann" – von allem ein bisschen ☺

2. Was steht auf Ihrer Visitenkarte unter Ihrem Namen?
Deutsche Telekom AG und mein Titel „Vice President Recruiting & Talent Service" und meine Kontaktdaten – noch ohne Twitter-, facebook-, xing- und LinkedIn-Account, die gibt es dafür über die App „Bump" auf dem iPhone.

3. Auf welchem Gebiet sind Sie Experte?
Natürlich auf den Gebieten Employer Branding, Personalmarketing und Recruiting; aber auch im Projektmanagement und bei französischem Essen.

4. Was täten Sie, wenn Sie nicht täten, was Sie tun?
Was immer es wäre: ich täte es mit Engagement und Begeisterung. Denn was man macht, muss man richtig machen oder bleiben lassen.

5. Ihre bisherigen Wohnorte?
Teils am Neckar, teils an der Seine.

6. Ihr Lebensmotto?
Ein guter Manager hat die Einschusslöcher in der Brust und nicht im Rücken.

7. Welche Eigenschaftswörter beschreiben Sie?
Begeisterung, Neugierde, Integrität, Gourmet.

8. Welchen Spleen haben Sie?
Sobald ich ein Smartphone beherrsche, besorge ich mir das nächste – bin ein Spielkind.

9. Was bringt Sie zum Lachen?
Heute morgen entgegnete meine siebenjährige Tochter auf meinen Kommentar zu ihrer Kleiderwahl: „Papa lass mal, davon verstehst du als Mann nichts." Da kann man als Vater nur noch lachen ...

10. Drei Wörter, die heutzutage sehr wichtig sind:
Zukunft, Ethik, Bildung.

11. Wie begeistern Sie Menschen für neue Ideen?
Durch Beispiele, Bilder und die eigene Begeisterung für Neues.

12. Welche Trends erkennen Sie im Personalmarketing?
Natürlich Social Media. Partizipation und Dialog statt Konsum von Marketing. Und endlich wieder Nachhaltigkeit.

13. Ihre wichtigsten Links im Internet (Websites, Blogs, Social Networks etc.) – gerne auch eigene Projekte:
www.wissen-veraendert-alles.de, www.queb.org, www.e-fellows.net
www.facebook.com/TelekomKarriere, www.telekom.com/karriere

14. Welche typische Frage wird Ihnen im beruflichen Kontext immer wieder gestellt?
Worauf achten Sie bei einer Bewerbung? – Die Noten sind es jedenfalls nicht ...

15. Haben Sie noch eine Idee für eine Frage, die Sie beantworten möchten?
Wie stehen Sie als Manager bei der Telekom eigentlich zur Frauenquote?
Antwort mit den Worten von Mark Twain: Es genügt mir zu wissen, dass jemand ein Mensch ist. Schlimmer kann er nicht sein ☺

Axel Haitzer (*1959)

Spezialist für E-Business, E-Recruiting, Personal- und Ausbildungsmarketing sowie Serviceorientierung, hat bereits mehrere Tausend Seminarteilnehmer geschult, ist Vortragssprecher, Autor und Redner.

1. Was ist Ihr ursprünglich erlernter Beruf?
Fernmeldemechanikermeister, später Industrieverkäufer.

2. Was steht auf Ihrer Visitenkarte unter Ihrem Namen?
Habe zwei Karten: a) Mitglied der Geschäftsleitung b) Benchbreaker

3. Auf welchem Gebiet sind Sie Experte?
Personal-(Marketing), insbesondere Kontaktgenerierung zu Interessenten, Kunden, Bewerbern, Vertriebspartnern; serviceorientierte Organisationsabläufe.

4. Was täten Sie, wenn Sie nicht täten, was Sie tun?
Mir gefällt sehr, was ich tue. Lebenskünstler und Autor – mit Wohnort im mediterranen Raum – zu sein, wäre durchaus eine attraktive Alternative ☺

5. Ihre bisherigen Wohnorte?
Bad Tölz, Nürnberg, Neubeuern.

6. Ihr Lebensmotto?
Gib niemals auf, gib niemals auf, niemals, niemals, niemals, niemals.

7. Welche Eigenschaftswörter beschreiben Sie?
Optimistisch, enthusiastisch, freundlich, energisch, direkt, bestimmt, anspruchsvoll, willensstark, unruhig.

8. Welchen Spleen haben Sie?

Sammle Zitate und Aphorismen in Buchform und unter *www.nur-Zitate.com;* dazu trinke ich rote Weine (z. B. Amarone, Brunello & Co.).

9. Was bringt Sie zum Lachen?

Loriot, Kishon, Otto, Werner, die Witze im Playboy (wenn mal einer rumliegt), gute Kabarettisten.

10. Drei Wörter, die heutzutage sehr wichtig sind:

Habe gleich vier: Nachhaltigkeit [Rendite, Moral UND Zukunft], Respekt [statt Arroganz und Ausgrenzung], Dankbarkeit [statt Vergessen], Handeln [statt Reden]

11. Wie begeistern Sie Menschen für neue Ideen?

Mein Enthusiasmus wirkt ansteckend. – Meistens.

12. Welche Trends erkennen Sie im Personalmarketing?

Es reift (langsam) die Erkenntnis, dass neben PersonalVERWALTERN auch PersonalMARKETER gebraucht werden; Social Media verstärkt den wahren Charakter von Arbeitgebern und zwingt zu mehr Authentizität.

13. Ihre wichtigsten Links im Internet (Websites, Blogs, Social Networks etc.) – gerne auch eigene Projekte:

www.twitter.com/quergeist, www.google.de, www.bewerbermagnet.com www.nur-zitate.com, www.jobquick.com, www.ausbildungsmarketing.com www.youtube.com, www.xing.de

14. Welche typische Frage wird Ihnen im beruflichen Kontext immer wieder gestellt?

Wo haben Sie immer wieder alle diese Ideen her?

15. Haben Sie noch eine Idee für eine Frage, die Sie beantworten möchten?

Was ist die beste Strategie gegen den drohenden Fachkräftemangel?
Es gibt weder einen Fachkräfte- noch einen Kundenmangel. Jeder, der interessante Aufgaben in adäquatem Umfeld zu erledigen hat, fair bezahlt und dies professionell kommuniziert, findet qualifizierte und motivierte Mitarbeiter.

Volker Hassel (*1971)

Rechtsanwalt, Chefredakteur „Arbeit und Arbeitsrecht – Die Zeitschrift für das Personal-Management",
HUSS-MEDIEN GmbH, Berlin

1. Was ist Ihr ursprünglich erlernter Beruf?
Jurist

2. Was steht auf Ihrer Visitenkarte unter Ihrem Namen?
Chefredakteur

3. Auf welchem Gebiet sind Sie Experte?
Arbeitsrecht, Redaktion

4. Was täten Sie, wenn Sie nicht täten, was Sie tun?
Ausschließlich als Rechtsanwalt arbeiten.

5. Ihre bisherigen Wohnorte?
Anröchte, Münster, Berlin.

6. Ihr Lebensmotto?
Carpe diem.

7. Welche Eigenschaftswörter beschreiben Sie?
Interessiert, aufgeschlossen, technikaffin, penibel.

8. Welchen Spleen haben Sie?
Whiskys sammeln.

9. Was bringt Sie zum Lachen?
Trockener Humor, Satire.

10. Drei Wörter, die heutzutage sehr wichtig sind:
Innovation, Flexibilität, Belastbarkeit.

11. Wie begeistern Sie Menschen für neue Ideen?
Durch permanente Überzeugungsarbeit.

12. Welche Trends erkennen Sie im Personalmarketing?
Work-Life-Balance, Demografie, Web 2.0/Social Media, Employer Branding.

13. Ihre wichtigsten Links im Internet (Websites, Blogs, Social Networks etc.) – gerne auch eigene Projekte:
www.arbeit-und-arbeitsrecht.de, www.jurablogs.com, www.faz.net
www.bundesarbeitsgericht.de, www.gesetze-im-internet.de, www.kress.de
www.xing.com

14. Welche typische Frage wird Ihnen im beruflichen Kontext immer wieder gestellt?
Warum und wie sind Sie im Verlagswesen gelandet?

15. Haben Sie noch eine Idee für eine Frage, die Sie beantworten möchten?
Welcher ist Ihr Lieblingswhisky?
Ardbeg TEN.

Dr. Hannes Hesse (*1949)

1949: Geboren in Wien, 1975–1977: Tätigkeit in zwei großen Frankfurter Anwaltskanzleien, 1977: Eintritt in den VDMA als Referent der Rechtsabteilung, 1982: Promotion, 1989: Leiter der VDMA-Rechtsabteilung, 1992: Mitglied der Hauptgeschäftsführung, 1999: Stellvertretender Hauptgeschäftsführer, seit November 2001: VDMA-Hauptgeschäftsführer

1. Was ist Ihr ursprünglich erlernter Beruf?
Rechtsanwalt

2. Was steht auf Ihrer Visitenkarte unter Ihrem Namen?
Hauptgeschäftsführer und – damit es jeder versteht – auf englisch CEO.

3. Auf welchem Gebiet sind Sie Experte?
Management eines großen Wirtschaftsverbandes, wirtschafts- und unternehmenspolitische Interessenvertretung, Exportfinanzierung.

4. Was täten Sie, wenn Sie nicht täten, was Sie tun?
Darüber mache ich mir kaum Gedanken – vermutlich Partner in einer Rechtsanwaltskanzlei mit Schwerpunkt „Internationale Verträge".

5. Ihre bisherigen Wohnorte?
Verschiedene Orte in Österreich, der Schweiz, in Schleswig-Holstein und im Rhein-Main-Gebiet.

6. Ihr Lebensmotto?
Irgendwo gibt es immer einen Weg, man muss ihn nur finden.

7. Welche Eigenschaftswörter beschreiben Sie?
Alle die, die nett und sympathisch sind – hoffe ich.

8. Welchen Spleen haben Sie?
Ich pflanze gerne Bäume.

9. Was bringt Sie zum Lachen?
Witzige, spontane Einfälle und kreatives Spielen mit Sprache.

10. Drei Wörter, die heutzutage sehr wichtig sind:
Impulsgebend, lebendig, verbindlich – die zentralen drei Persönlichkeitswerte unseres Unternehmens.

11. Wie begeistern Sie Menschen für neue Ideen?
Wichtig sind in meinen Augen vor allem Transparenz (der Ziele und Aufgaben) sowie Authentizität und Vorbildfunktion (der Organisation und Führungskraft).

12. Welche Trends erkennen Sie im Personalmarketing?
Vereinbarkeit von Familie und Beruf. Dies bezieht sich allerdings nicht nur auf die Kinderbetreuung, sondern auch auf Fragen zur Pflege von pflegebedürftigen Familienangehörigen.

13. Ihre wichtigsten Links im Internet (Websites, Blogs, Social Networks etc.) – gerne auch eigene Projekte:
www.vdma.org (wichtige Informationen rund um die wichtigste und spannendste Branche) und *t-online.de* mit meiner privaten E-Mail-Adresse.

14. Welche typische Frage wird Ihnen im beruflichen Kontext immer wieder gestellt?
Wie kann man erfolgreich eine Netzwerkstruktur wie den VDMA managen, der aus nahezu 100 meist sehr selbstständigen Einheiten besteht?

15. Haben Sie noch eine Idee für eine Frage, die Sie beantworten möchten?
Wie vereinbaren Sie eine extrem zeitaufwändige und arbeitsintensive Tätigkeit mit dem Thema persönliche Freiheit?
Sehr einfach, man muss berufliche Tätigkeit als ein spannendes generelles Lebensthema begreifen, so dass Arbeit und Freizeit sich überlappen.

Klaus Kobjoll (*1948)

Einer der erfolgreichsten Hoteliers Deutschlands
(Schindlerhof, Nürnberg), ein „ausgezeichneter"
Redner sowie Trainer und Autor.

1. Was ist Ihr ursprünglich erlernter Beruf?
Unternehmer! Seit dem 22. Lebensjahr durch learning by doing.

2. Was steht auf Ihrer Visitenkarte unter Ihrem Namen?
Nichts!

3. Auf welchem Gebiet sind Sie Experte?
Bei der Übertragung von Begeisterung.

4. Was täten Sie, wenn Sie nicht täten, was Sie tun?
In meiner Gruft in Bamberg auf die nächste Inkarnation warten.

5. Ihre bisherigen Wohnorte?
Es waren dreizehn an der Zahl; von Bamberg an den Tegernsee, von Strasbourg
nach Korsika, von Aix-en-Provence nach London und wieder zurück in die
Heimat. Bis ich endlich mit 25 mein Traumhaus gebaut habe. Da werde ich
nicht mehr ausziehen!

6. Ihr Lebensmotto?
Wer gegen den Strom schwimmt, kommt schneller zur Quelle ...

7. Welche Eigenschaftswörter beschreiben Sie?
Verlässlich und unberechenbar.

8. Welchen Spleen haben Sie?
Hunde, Pferde und englische Automobile – in dieser Reihenfolge.

9. Was bringt Sie zum Lachen?
Mein Hund Flora – wenn sie Hunger hat.

10. Drei Wörter, die heutzutage sehr wichtig sind:
Vertrauen, Achtsamkeit und – Bargeld.

11. Wie begeistern Sie Menschen für neue Ideen?
Durch positive Energie; es gelingt meistens ...

12. Welche Trends erkennen Sie im Personalmarketing?
Es wird sicher nicht leichter, aber wer sich in der Vergangenheit schon als At-
traktion auf dem Arbeitsmarkt präsentiert hat, wird auch zukünftig keinen ernst-
haften Mangel leiden. Begeisterte Mitarbeiter sind mit ihrer positiven Mundpropaganda schließlich die beste Werbung, die man sich wünschen kann. Daran
ändert auch der demografische Wandel in unserer Gesellschaft nur wenig.

*13. Ihre wichtigsten Links im Internet (Websites, Blogs, Social Networks etc.) –
gerne auch eigene Projekte:*
www.kobjoll.de, www.schindlerhof.de, www.facebook.com
www.xing.com, www.twitter.com, http://blog.kobjoll.de

*14. Welche typische Frage wird Ihnen im beruflichen Kontext immer wieder
gestellt?*
Funktioniert das auch in meiner Branche?

15. Haben Sie noch eine Idee für eine Frage, die Sie beantworten möchten?
Was sind mittelständische Unternehmen?
Solche, für die sich weder der Staat noch die Gewerkschaften interessieren!

Achim Krämer (*1964)

Vater von drei Kindern, Executive Coach
und Inhaber der bundesweiten Karriereberatung
Jobcollege KompetenzPartner.

1. Was ist Ihr ursprünglich erlernter Beruf?
Zahntechniker und später Marketingkaufmann.

2. Was steht auf Ihrer Visitenkarte unter Ihrem Namen?
Inhaber

3. Auf welchem Gebiet sind Sie Experte?
Potenzialorientierte Berufs- und Karriereentwicklung, Personal USP/Branding.

4. Was täten Sie, wenn Sie nicht täten, was Sie tun?
Ich „täte" gerne Musik produzieren. Musik kann inspirieren, berühren und ist
in hohem Maße resonanzfähig in vielen Lebensbereichen. Ansonsten bin ich
äußerst dankbar und glücklich, dass ich genau das tue, was ich tue.

5. Ihre bisherigen Wohnorte?
Stuttgart, Rottweil, Herrenberg, München, Rosenheim.

6. Ihr Lebensmotto?
Was ich gerne mag: „Ob du denkst, du kannst es, oder ob du denkst, du kannst
es nicht: Du wirst auf jeden Fall recht behalten."

7. Welche Eigenschaftswörter beschreiben Sie?
Emphatisch, fördernd, kreativ, innovativ, reflektionsfähig, manchmal etwas
ungeduldig.

8. Welchen Spleen haben Sie?
Ich „schnabuliere" beim Essen die besten Köstlichkeiten zum Schluss.

9. Was bringt Sie zum Lachen?
Humor ist wunderbar und ein Zeichen von hoher Lebensqualität. Wenn ich mich selbst zu ernst nehme, hilft nur noch ein Lachkrampf ☺

10. Drei Wörter, die heutzutage sehr wichtig sind:
Wahrnehmung, Wertschätzung und fühlen + Vorbilder.

11. Wie begeistern Sie Menschen für neue Ideen?
Eine Idee, die wie Feuer in mir brennt, strahle ich aus oder lebe sie vor.

12. Welche Trends erkennen Sie im Personalmarketing?
Crossmediale Strategien sind gefragt. Employer Branding via Social Media ist auch kein Garant, wenn Unternehmen noch in starren Strukturen gebunden sind. Erst wenn sich die Mentalität des Unternehmens vom „Alten" verabschiedet und sich dem „Neuen" öffnet, kann ein nachhaltiges und erfolgreiches Personalmarketing funktionieren.

13. Ihre wichtigsten Links im Internet (Websites, Blogs, Social Networks etc.) – gerne auch eigene Projekte:
Kreuz und quer surfend; *google, youtube, jobcollege.de, twitter.com/jobcollege*

14. Welche typische Frage wird Ihnen im beruflichen Kontext immer wieder gestellt?
Wie sind Sie denn jetzt auf diese Idee gekommen?

15. Haben Sie noch eine Idee für eine Frage, die Sie beantworten möchten?
Welche Empfehlungen haben Sie für Firmen?
Täglich erleben wir, dass Menschen in ihrer Bewerbungsphase verunsichert werden, obwohl sie selbstbewusst und kompetent sind. Firmen müssen schleunigst lernen, das Potenzial auf dem Arbeitsmarkt mit authentischer Kommunikation und bewerberorientierten Prozessen für sich zu gewinnen.

Silke Masurat (*1965)

Geschäftsführerin der compamedia GmbH, die unter anderem den Arbeitgeber-Award TOP JOB – die besten Arbeitgeber im Mittelstand, ausrichtet. Die Mittelstandskennerin hat schon sehr früh Employer Branding als Managementfeld der Zukunft identifiziert.

1. Was ist Ihr ursprünglich erlernter Beruf?
Politik- und Verwaltungswissenschaftlerin sowie PR-Beraterin.

2. Was steht auf Ihrer Visitenkarte unter Ihrem Namen?
Geschäftsführerin

3. Auf welchem Gebiet sind Sie Experte?
Mittelstand und Employer Branding.

4. Was täten Sie, wenn Sie nicht täten, was Sie tun?
Ich wäre in einem medizinischen Beruf tätig.

5. Ihre bisherigen Wohnorte?
Konstanz, Pátzcuaro und San Cristobal de las Cassa (Mexiko), Stuttgart, Karlsruhe, Frankfurt.

6. Ihr Lebensmotto?
Ich kann, weil ich will.

7. Welche Eigenschaftswörter beschreiben Sie?
Empathisch, verbindlich, ungeduldig, verantwortungsvoll, fürsorglich, sportlich, streng.

8. Welchen Spleen haben Sie?

Bewegungsdrang in jeglicher Hinsicht.

9. Was bringt Sie zum Lachen?

Guter Humor und die seltsamen Schlüsse, die meine zweijährige Tochter ab und an zieht.

10. Drei Wörter, die heutzutage sehr wichtig sind:

Respekt, Nachhaltigkeit, Liebe

11. Wie begeistern Sie Menschen für neue Ideen?

Mit meinem Feuer für die Idee.

12. Welche Trends erkennen Sie im Personalmarketing?

Employer Branding (ernst gemeint)

13. Ihre wichtigsten Links im Internet (Websites, Blogs, Social Networks etc.) – gerne auch eigene Projekte:

www.compamedia.de

14. Welche typische Frage wird Ihnen im beruflichen Kontext immer wieder gestellt?

Wie seid Ihr denn auf diese großartigen Ideen gekommen?

15. Haben Sie noch eine Idee für eine Frage, die Sie beantworten möchten?

Was ist Ihr nächstes Projekt?
Mehr unternehmerische Verantwortung in die Wirtschaft zu tragen. Hierzu haben wir die compamedia-Stiftung zur Förderung ethischen Handelns in der Wirtschaft gegründet.

Prof. Dr. habil. Sabine Pfeiffer (*1966)

Nach Tätigkeit als Werkzeugmacherin Studium der Soziologie, Philosophie und Psychologie. Seit 1998 am ISF München zahlreiche Forschungsprojekte, u. a. zu Innovation. Seit 2010 Professur für Innovation und kreative Entwicklung an der Hochschule München.

1. Was ist Ihr ursprünglich erlernter Beruf?
Werkzeugmacherin

2. Was steht auf Ihrer Visitenkarte unter Ihrem Namen?
Lehrgebiet Innovation und kreative Entwicklung.

3. Auf welchem Gebiet sind Sie Experte?
Innovation, Technikgestaltung, Arbeitssoziologie.

4. Was täten Sie, wenn Sie nicht täten, was Sie tun?
Wieder als Werkzeugmacherin arbeiten.

5. Ihre bisherigen Wohnorte?
Nürnberg, Fraueninsel, Ulm, München.

6. Ihr Lebensmotto?
Bloß kein Motto haben!

7. Welche Eigenschaftswörter beschreiben Sie?
Querdenkend, analytisch, empathisch.

Bildquelle: fessen + friends

8. Welchen Spleen haben Sie?
In allem immer das Dialektische entdecken zu wollen.

9. Was bringt Sie zum Lachen?
Intelligenter Witz, der aus Situationen heraus entsteht.

10. Drei Wörter, die heutzutage sehr wichtig sind:
Nutzer/in
Soziale Innovation
Agilität

11. Wie begeistern Sie Menschen für neue Ideen?
Durch Ansteckung.

12. Welche Trends erkennen Sie im Personalmarketing?
Leider immer noch eine weitgehende Unterschätzung des Themas Fachkräftemangel.

13. Ihre wichtigsten Links im Internet (Websites, Blogs, Social Networks etc.) – gerne auch eigene Projekte:
www.wikileaks.org – genau das macht das Internet aus!
Meine Seite mit einigen Links zu Innovationsprojekten:
www.sabine-pfeiffer.de
Die d.school in Potsdam: *www.hpi.uni-potsdam.de/d_school/home.html*

14. Welche typische Frage wird Ihnen im beruflichen Kontext immer wieder gestellt?
Wie kann man Erfahrung messen/objektivieren?
Meine Antwort immer wieder: zum Glück gar nicht!

15. Haben Sie noch eine Idee für eine Frage, die Sie beantworten möchten?
Nein

Mag. Martin Poreda (*1976)

Co-Gründer der Arbeitgeber-Bewertungsplattform kununu.com, gilt als Experte für den Einsatz von Social Media im HR Bereich. kununu.com bietet Arbeitnehmern die Möglichkeit, ihren Arbeitgeber anonym zu bewerten.

1. Was ist Ihr ursprünglich erlernter Beruf?
Ich bin studierter Betriebswirt mit Spezialisierung auf Personalmanagement, verhaltenswissenschaftlich orientiertes Management und Wirtschaftspsychologie.

2. Was steht auf Ihrer Visitenkarte unter Ihrem Namen?
Gründer

3. Auf welchem Gebiet sind Sie Experte?
Ich bin Experte darin (gemeinsam mit meinem Bruder), ein Internet-Unternehmen gegründet und zum wirtschaftlichen Erfolg geführt zu haben, das als Unternehmensgegenstand das Betreiben von *www.kununu.com* hat.

4. Was täten Sie, wenn Sie nicht täten, was Sie tun?
Ich würde mir wohl überlegen, wie ich es schaffe, das zu tun, was ich heute tue und ALLES dafür tun, das zu tun, was ich heute tue ☺

5. Ihre bisherigen Wohnorte?
Wien

6. Ihr Lebensmotto?
Think positive!

7. Welche Eigenschaftswörter beschreiben Sie?
optimistisch, rastlos, perfektionistisch

8. Welchen Spleen haben Sie?
Ich gehe immer nur zur vollen oder halben Stunde schlafen.

9. Was bringt Sie zum Lachen?
Das Lachen meiner Tochter.

10. Drei Wörter, die heutzutage sehr wichtig sind:
Bitte, Danke, Nein.

11. Wie begeistern Sie Menschen für neue Ideen?
Ich lebe sie vor.

12. Welche Trends erkennen Sie im Personalmarketing?
– Größere Innovationsfreude im HR-Bereich
– Mut zu mehr Authentizität
– Verstärkter Einsatz von Social Media

13. Ihre wichtigsten Links im Internet (Websites, Blogs, Social Networks etc.) – gerne auch eigene Projekte:
www.google.com, www.techcrunch.com, www.kununu.com, www.youtube.com
www.xing.com

14. Welche typische Frage wird Ihnen im beruflichen Kontext immer wieder gestellt?
Was heißt eigentlich „kununu" und wie kommt man auf so einen Namen?

15. Haben Sie noch eine Idee für eine Frage, die Sie beantworten möchten?
Nein

Prof. Dr. Karlheinz Ruckriegel (*1957)

Professor für Makroökonomie, Psychologische Öko-
nomie und interdisziplinäre Glücksforschung an der
Georg-Simon-Ohm-Hochschule für angewandte
Wissenschaften in Nürnberg.

1. Was ist Ihr ursprünglich erlernter Beruf?

Vor meinem Studium der Volkswirtschaftslehre habe ich Industriekaufmann
gelernt und ein Jahr als kaufmännischer Angestellter gearbeitet. Dies hat mich
davor bewahrt, realitätsfernen und bloß erdachten Theorien, die schlicht an
der Wirklichkeit verbeigehen, aber in weiten Teilen der Volkswirtschaftslehre
verbreitet sind, auf den Leim zu gehen.

2. Was steht auf Ihrer Visitenkarte unter Ihrem Namen?

Fakultät Betriebswirtschaft

3. Auf welchem Gebiet sind Sie Experte?

Makroökonomie, insbesondere Geld- und Währungspolitik, Psychologische
Ökonomie und interdisziplinäre Glücksforschung.

4. Was täten Sie, wenn Sie nicht täten, was Sie tun?

Darüber habe ich mir noch keine Gedanken gemacht, da ich genau das tue,
was ich tun will und was mich zufrieden und glücklich macht.

5. Ihre bisherigen Wohnorte?

Mistelbach bei Bayreuth, Bayreuth, München, Schwabach bei Nürnberg.

6. Ihr Lebensmotto?

Man soll sein Leben so ausrichten, dass man ein Höchstmaß an Glück und
Zufriedenheit erfährt.

7. Welche Eigenschaftswörter beschreiben Sie?
Engagiert, zielorientiert, durchsetzungsstark, sozial kompetent, aufgeschlossen und beharrlich.

8. Welchen Spleen haben Sie?
Ich lese aus Leidenschaft und kaufe mir viele Bücher.

9. Was bringt Sie zum Lachen?
Humor

10. Drei Wörter, die heutzutage sehr wichtig sind:
Sinn, Mitmenschlichkeit, Unterstützung.

11. Wie begeistern Sie Menschen für neue Ideen?
Ich begeistere andere, indem ich das, was ich sage, auch lebe und mich damit identifiziere. Man muss Begeisterung ausstrahlen, um andere zu begeistern.

12. Welche Trends erkennen Sie im Personalmarketing?
Hier bin ich kein Experte.

13. Ihre wichtigsten Links im Internet (Websites, Blogs, Social Networks etc.) – gerne auch eigene Projekte:
Glücksforschung, z. B. *www.denkwerkzukunft.org, www.actionforhappiness.org*

14. Welche typische Frage wird Ihnen im beruflichen Kontext immer wieder gestellt?
Die entscheidende Frage ist immer die nach dem Warum.

15. Haben Sie noch eine Idee für eine Frage, die Sie beantworten möchten?
Worum geht es eigentlich im Leben?
Es geht letztlich darum, glücklich und zufrieden zu sein, und zwar im Berufsleben und im Privaten. Es kommt auf beides gleichermaßen an. Unternehmen, die danach streben, ihre Mitarbeiter glücklich zu machen, brauchen sich um das Engagement, die Kreativität und die Produktivität ihrer Mitarbeiter keine Sorgen zu machen. Die Erkenntnisse der Glücksforschung sind hier eindeutig.

Dr. Lothar Semper (*1952)

Der Hauptgeschäftsführer der Handwerkskammer in München sieht sein wesentliches Ziel darin, diese mit ihren Kompetenzen als Interessenvertreter und Dienstleister sowie im Bereich der Selbstverwaltung bei den Kunden bestmöglich zu positionieren.

1. Was ist Ihr ursprünglich erlernter Beruf?
Diplom-Ökonom

2. Was steht auf Ihrer Visitenkarte unter Ihrem Namen?
Hauptgeschäftsführer

3. Auf welchem Gebiet sind Sie Experte?
Politisches Netzwerken für das Handwerk und Umsetzung erkannter Trends für den Wirtschaftsbereich Handwerk in konkretes Handeln.

4. Was täten Sie, wenn Sie nicht täten, was Sie tun?
Irgendetwas anderes aus dem Bereich von Politik und Wirtschaft; denn die Richtung war für mich schon seit meinem 16. Lebensjahr klar. Die damalige Alternative wäre noch Griechisch- und Lateinlehrer gewesen.

5. Ihre bisherigen Wohnorte?
Alle 80 Kilometer rund um das schöne Augsburg.

6. Ihr Lebensmotto?
Quidquid agis, prudenter agas et respice finem!

7. Welche Eigenschaftswörter beschreiben Sie?
Konsequent, leistungsorientiert, interessiert, motiviert, begeisterungsfähig, optimistisch.

8. Welchen Spleen haben Sie?
Orthographie und Grammatik bei Vorlagen müssen stimmen.

9. Was bringt Sie zum Lachen?
Gespräche bei gemütlichem Zusammensein, aber auch treffsichere Karikaturen.

10. Drei Wörter, die heutzutage sehr wichtig sind:
Nachhaltigkeit, Frieden, Solidarität.

11. Wie begeistern Sie Menschen für neue Ideen?
Mit Geduld und mit Visionen.

12. Welche Trends erkennen Sie im Personalmarketing?
Der demografische Wandel zwingt zu völlig neuen Akquisitionsmethoden; gewinnen wird der, der es versteht, die Bewerber adäquat (auf allen Kanälen) anzusprechen und von sich zu überzeugen. Geld ist nicht (mehr) das Entscheidende.

13. Ihre wichtigsten Links im Internet (Websites, Blogs, Social Networks etc.) – gerne auch eigene Projekte:
spiegel-online.de und *pressetext.de* zum Informieren, *idw-online.de* zur Information über die Entwicklung in interessanten Wissenschaftsbereichen; über stayfriends Kontakt zu früheren Mitschülern halten; mein Blog als Hauptgeschäftsführer, der über die Internetseite *www.hwk-muenchen.de* erreichbar ist; ansonsten sehr treuer Anhänger des gedruckten Wortes in Büchern, Zeitungen und Zeitschriften

14. Welche typische Frage wird Ihnen im beruflichen Kontext immer wieder gestellt?
Warum?

15. Haben Sie noch eine Idee für eine Frage, die Sie beantworten möchten?
Warum beteiligen Sie sich an Projekten wie dem Ideen-Projekt „Bewerbermagnet"?
Weil ich neugierig und unverbesserlich optimistisch bin ☺

Prof. Dr. Armin Trost (*1966)

Professor für Human Resource Management (HRM) an der HFU Business School in Furtwangen und Partner der Promerit AG. Zuvor war er mehrere Jahre HR-Manager bei der SAP. Das Personalmagazin hat ihn 2009 wiederholt als einen der führenden 40 Köpfe im Personalwesen gekürt.

1. Was ist Ihr ursprünglich erlernter Beruf?
Diplom-Psychologe

2. Was steht auf Ihrer Visitenkarte unter Ihrem Namen?
Ich habe eine Karte von Promerit. Dort steht Partner drauf. Auf meiner HFU-Karte steht Studiendekan.

3. Auf welchem Gebiet sind Sie Experte?
Human Resource Management, Employer Branding, Talentmanagement, Social Media.

4. Was täten Sie, wenn Sie nicht täten, was Sie tun?
Architekt oder Dirigent.

5. Ihre bisherigen Wohnorte?
Tübingen, Nürtingen, Esslingen, Mannheim, Heidelberg – immer irgendwo am schönen Neckar.

6. Ihr Lebensmotto?
Dinge sind meist anders als wir es vermuten.

7. Welche Eigenschaftswörter beschreiben Sie?
Aufgeschlossen, freundlich, vielseitig und zuweilen etwas eigenbrötlerisch.

8. Welchen Spleen haben Sie?
Das bleibt mein Geheimnis ...

9. Was bringt Sie zum Lachen?
Stromberg

10. Drei Wörter, die heutzutage sehr wichtig sind:
Optimismus, Vertrauen & Freundschaft.

11. Wie begeistern Sie Menschen für neue Ideen?
Durch Beispiele und Geschichten.

12. Welche Trends erkennen Sie im Personalmarketing?
Die demografische Entwicklung wird uns in allen Bereichen schmerzhaft auf
die Füße fallen.

*13. Ihre wichtigsten Links im Internet (Websites, Blogs, Social Networks etc.) –
gerne auch eigene Projekte:*
Die üblichen: *Spiegel-Online, Facebook, Xing, Bild, Twitter, Bahn, YouTube,
Beolingus*

*14. Welche typische Frage wird Ihnen im beruflichen Kontext immer wieder
gestellt?*
Warum haben Sie SAP verlassen?

15. Haben Sie noch eine Idee für eine Frage, die Sie beantworten möchten?
Nein

Die Gebrauchsanleitung

Eines vorneweg: Dieses Buch ist kein Ratgeber, keine Sammlung von Best-Practice-Beispielen, keine Quelle absoluter Weisheit. Sie bekommen keine allumfassenden Lösungen, um die Attraktivität Ihrer Arbeitgebermarke zu steigern oder Ihr Personalmarketing zu optimieren, die Sie dann nur noch zwischen Tür und Angel umsetzen müssen, bevor alles gut wird. Dieses Buch versteht sich vielmehr als Quelle der Inspiration. Und als Arbeitsbuch. Krempeln Sie also die Ärmel hoch und lassen Sie uns beginnen.

Das Buch ist eine Quelle der Inspiration.

Sie müssen sich auf Basis Ihrer Ziele die für Sie passenden Lösungen erarbeiten. Die einzelnen Ideen liefern Impulse und zeigen die Richtung auf. Trotzdem werden garantiert Ideen dabei sein, die genau passen und die Sie 1:1 umsetzen können. Um das volle Potenzial dieser Ideensammlung zu nutzen, sollten Sie jedoch selbst noch etwas Hirnschmalz einsetzen, um sich IHRE wirklich passenden Lösungen zu erarbeiten.

Auch muss ich Sie warnen: Sie können gar nicht vorsichtig genug sein! In nicht seltenen Fällen kommt es zu einer spontanen Begeisterung und einem starken Drang, Ideen umzusetzen. Gleichzeitig kann ich Sie aber auch beruhigen, diese Risiken und Nebenwirkungen treten meist nur unmittelbar beim Lesen auf und sind nur von sehr kurzer Dauer. Die Attacken klingen meist innerhalb weniger Stunden, spätestens nach einigen Tagen ohne bleibende Schäden ab. Denn, egal wo Sie hinsehen, die meisten Ideen werden bekanntermaßen nicht umgesetzt. Es fehlt – wie so oft – auch in diesem Buch nicht an tollen Ideen, sondern an Menschen, die sie umsetzen. Es könnte aber auch sein, dass Sie zu denen gehören, die nicht eher ruhen, bis alle Ideen, die sie in Ihren Bann gezogen haben, umgesetzt sind. Bitte nehmen Sie in diesem Fall Kontakt mit mir auf, ich möchte Sie kennenlernen. Ganz im Ernst.

Wie genau gehen Sie mit den Ideen in diesem Buch um?

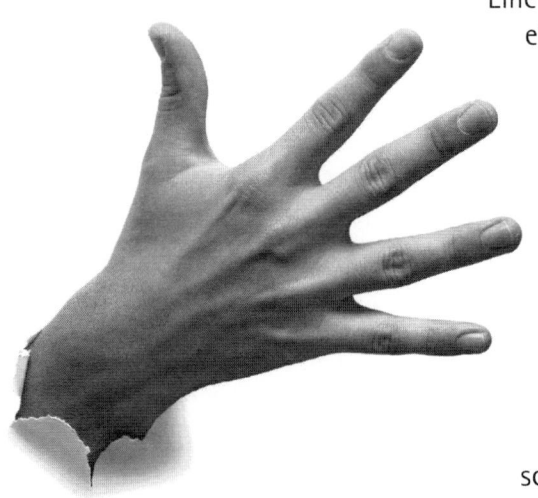

Eine Innovation einzuführen ist ein mehrstufiger Prozess. Nachdem die Ideen gesammelt oder generiert wurden, gibt es typischerweise fünf verschiedene Phasen, um die Lösungsansätze zu selektieren, zu qualifizieren und zu guter Letzt eine Entscheidung über deren Umsetzung zu treffen.

Phase 1: Die Ideen werden schnell und intuitiv ohne genaue Analyse bewertet. Diese Vorsortierung hat das 12-köpfige Expertengremium für Sie erledigt. Zusätzlich wurden in diesem Arbeitsschritt doppelte Ideen entfernt. Das Ergebnis sind die 365 lesenswertesten Ideen im nächsten Kapitel ab Seite 63.

Phase 2: Die in Phase 1 selektierten *Top-Ideen* und *guten Ideen* werden nun genauer betrachtet. In dieser Phase ist es hilfreich, jeweils die Vor- und Nachteile der Ideen, bezogen auf die jeweilige Situation, als Bewertungshilfe heranzuziehen.

Phase 3: Es wird überlegt, was die größte Chance und was das größte Risiko bei der Umsetzung der jeweiligen Idee wäre.

Phase 4: Es wird überlegt: Bringt uns die Idee an das vorher definierte Ziel?

Phase 5: Entscheidung darüber, ob die Idee geparkt, verworfen oder weiterverfolgt wird.

Die Mitglieder im Expertengremium waren für die oben bereits beschriebene erste Phase der Vorselektion zuständig. Die weitere Qualifizierung und Entscheidung über die Umsetzung der Ideen (Phase zwei bis fünf im Innovationsprozess-Modell) sind nun Ihre Aufgaben!

Wie bereits erwähnt, lässt sich sicher nur ein Teil der Ideen in diesem Buch unverändert in Ihrem Hause umsetzen. Doch auch die Lösungsansätze, deren Realisierung Ihnen – vielleicht auch nur zunächst – nicht möglich erscheint, sind dennoch ein wertvoller Rohstoff für Innovationen. Wie das gemeint ist, wird gleich deutlich. Sie erinnern sich sicher an Ida Fleiß. Hier noch mal ihre Definition von Kreativität: *„Kreativität ist nichts anderes als die Fähigkeit, Dinge, die nichts miteinander zu tun haben, zu kombinieren. Dazu gehört die Fähigkeit, Dinge völlig unvoreingenommen zu betrachten und sich vom Korsett herkömmlicher Denkstrukturen zu lösen."* Genau das ist es! In der Grafik wird dies deutlich. Obwohl DAS Symbol für Ideen aufgrund des Vormarsches von Energiesparlampen vom Aussterben bedroht ist, gestatten Sie mir bitte – bis sich ein nachfolgendes Symbol etabliert hat – mit der Glühlampen-Puzzle-Grafik den Entstehungsprozess einer Idee zu verdeutlichen. Wie Sie erkennen, setzt sich eine gute Idee in aller Regel aus mehreren Gedanken, Aspekten und Impulsen zusammen. Meist sind es zwei oder drei.

Gerne liefere ich Ihnen einige praktische Beispiele, um die These von Ida Fleiß zu belegen. Die Erfindung des Deorollers war inspiriert vom Kugelschreiber. Beim Kugelschreiber wird die Tinte über eine Kugel auf das Papier übertragen. Beim Deoroller verteilt sich nach dem gleichen Prinzip statt Tinte das flüssige Deo über eine Kugel auf die Haut. Die Kugel ist zwar viel größer, aber es ist eine Kugel.

Vor Erfindung der Ohropax gab es nur Bäuschchen aus Baumwollwatte oder unbequeme Kugeln aus Holz, Zelluloid oder Hartgummi als Gehörschutz. Die Ohropax – längst das Synonym für Ohrstöpsel – wurden 1908 vom Apotheker Maximilian Negwer zum Patent angemeldet. Es klingt kurios, aber ausgerechnet die Sage von den Irrfahrten des Odysseus gab ihm damals den entscheidenden Impuls für die Erfindung der berühmten Wachsohrstöpsel. Sie erinnern sich: Durch ihre Rufe und Gesänge – so die Sage – lockten die Sirenen[9] Seefahrer an. Bei dem Versuch, auf der Insel der Sirenen zu landen, zerbarsten in der tobenden Brandung ihre Schiffe an den Klippen. Odysseus ließ auf den Rat der Zauberin Kirke hin seinen Gefährten die Ohren mit geschmolzenem Wachs verschließen. Sich selbst ließ er an den Mast des Schiffes binden. Er hörte den Gesang der Sirenen, seine Gefährten jedoch nicht. So gelang es, an der Sirenen-Insel vorbeizusegeln, ohne ihrem betörenden Gesang zu erliegen.

Welche Produkte gibt es von der Rolle?

Mit der Produktion des perforierten Toilettenpapiers auf Rollen, wie wir es heute kennen, wurde erst zum Ende des 19. Jahrhunderts begonnen. Von der Erfindung der Wasserspülung 1596 durch Sir John Harington dauerte es noch fast dreihundert Jahre bis zum Toilettenpapier von der Rolle. Unglaublich.

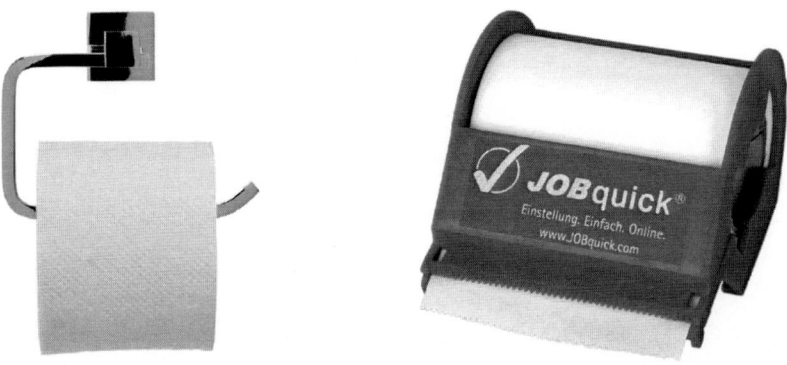

---

9 Weibliches Fabelwesen der griechischen Mythologie.

„Kreativität ist nichts anderes, als die Fähigkeit, Dinge, die nichts miteinander zu tun haben, zu kombinieren." Wenn wir beispielsweise die Produkteigenschaft „von der Rolle" mit anderen Dingen kombinieren, entstehen weitere neue praktische Produkte. Ein Haftnotizabroller beispielsweise. Der hat entscheidende Vorteile gegenüber den herkömmlichen Haftnotizblöcken. Beim Abroller bestimmen Sie die Länge Ihrer Haftnotizen in jedem Einzelfall selbst. Einfach einen Streifen in der gewünschten Länge abziehen, abreißen, aufkleben, beschriften – fertig! Ein weiterer entscheidender Vorteil: Die Rückseite ist fast vollflächig mit Kleber beschichtet; so löst sich die Haftnotiz nicht ungewollt, wie das bei den nur an einer Kante klebenden Haftnotizblöcken oft der Fall ist. Für die gewerbliche Produktion belegter Baguettes wurde ein Käse von der Rolle entwickelt, der einfach über das gesamte Brot gelegt wird. Dies verhindert Leerräume und Überlappungen, die sonst bei der Belegung mit Käsescheiben leicht entstehen. Schneller und einfacher geht es außerdem. Sicher gibt es noch andere Produkte, denen der Denkanstoß „von der Rolle" zum Durchbruch verholfen hat. Die Vorgehensweise, Neues durch die ungewöhnliche Kombination verschiedener, bereits vorhandener Dinge zu entwickeln, funktioniert natürlich auch mit Toilettenpapier. Irgendwann hat sich jemand gedacht, dass es praktisch wäre, feuchtes Papier zu verwenden. Oder nehmen Sie den Portugiesen Paulo Pereira da Silva. Er hat sich gefragt, ob Toilettenpapier unbedingt weiß sein muss. Und dann brachte sein Unternehmen Renova[10] schwarzes Toilettenpapier auf den Markt. Mittlerweile gibt es das Papier fürs stille Örtchen auch in Blau, Orange, Rot, Pink-Rosa oder Kiwi-Grün. Das Toilettenpapier ist so gefragt, dass es sogar in einer Geschenkbox zu haben ist. Für drei Rollen farbiges Toilettenpapier in der Designergeschenkbox aus Metall werden bis zu 7,50 € bezahlt. Verrückt, oder?

»Kreativität ist nichts anderes, als die Fähigkeit, Dinge, die nichts miteinander zu tun haben, zu kombinieren.«

Mit der Wiederholung der Kreativitätsdefinition will ich Sie nicht nerven. Nichts läge mir ferner. Mir ist jedoch sehr wichtig, dass sich Ihnen dieser Schlüsselsatz einprägt. Abschließend daher noch zwei weitere Beispiele, welche die Wirksamkeit der Methode belegen.

---

10 http://www.renovaonline.net

Das Aufstellen des Christbaums ist einer der häufigsten Gründe für Streitigkeiten an den Feiertagen. Genauer gesagt war es einer der häufigsten Gründe. Bis 1989. In diesem Jahr musste Klaus Krinner, ein niederbayerischer Landwirt, das erste Mal in seinem Leben einen Christbaum aufstellen. Kurz zuvor war sein Vater gestorben und als neues Familienoberhaupt musste er diese undankbare Aufgabe erledigen. Sicher erinnern auch Sie sich noch an diese Zeiten. Auf dem Boden liegend musste man abwechselnd eine der Fixierschrauben fester drehen und gleichzeitig mit der anderen Hand den Baum festhalten, während andere Familienmitglieder ständig Hinweise gaben, ob der Nadelbaum im Lot steht. Die Ratschenmechanik eines Lkw-Spanngurtes inspirierte Klaus Krinner damals, innerhalb weniger Stunden eine neue Haltevorrichtung zu entwickeln. Statt Schrauben kamen Halteklauen mit Ösen, ein Stahlseil und die schon erwähnte Ratschenmechanik zum Einsatz – das war's schon! Seither stehen selbst schiefe Christbäume innerhalb weniger Minuten gerade und stabil – mühelos. Krinner verkauft pro Jahr etwa eine Million Exemplare seiner genialen Erfindung. Vollkommen zu Recht, wie ich mir jedes Jahr an Weihnachten denke, wenn ich den Christbaum aufstelle.

Jetzt noch ein Beispiel aus dem Sport. Denken Sie bitte selbst kurz nach:

Welche beiden Sportarten, die auf den ersten Blick absolut nichts gemeinsam haben, könnte man zu einer neuen Sportart verbinden?

Blättern Sie bitte erst um, wenn Sie sich die Frage beantwortet haben. Erfinden Sie mindestens eine, besser zwei oder drei neue Sportarten.

Ich bin schon sehr gespannt, welche neuen Trendsportarten in den nächsten Jahren durch meine Frage entstehen ☺

Ein Beispiel für die Entstehung einer neuen Sportart durch die Kombination zweier bekannter Sportarten, wie es ungewöhnlicher wohl nicht sein könnte, ist Schachboxen. Die vielen noch unbekannte Sportart wurde 2003 von Iepe Rubingh erfunden. Die Unterhaltungssportart kombiniert Boxen, das nicht wenige in der Schlägerszene sehen, und Schach, das viele in der Langweilerecke sehen. Diese ungewöhnliche Kombination erfreut sich zunehmender Beliebtheit. Es werden bereits Weltmeisterschaften im Schachboxen ausgetragen.

Ring frei für Denker!

Sie wissen jetzt, wie's geht. Nutzen Sie dieses Buch als eine Quelle der Inspiration. Setzen Sie die Ideen, die genau passen, um. Falls dies nicht 1:1 funktioniert, greifen Sie den Impuls und die Grundrichtung der Idee auf und übertragen sie intelligent auf Ihre Situation. Sie können und sollen die Ideen in diesem Buch auch weiter kombinieren. *„Ideen entzünden einander wie die elektrischen Funken"*, wusste schon Johann Jacob Engel. Lassen Sie also aus mehreren Ideen im Buch und/oder Ihren eigenen Gedanken durch Kombination eine neue Idee entstehen. Neben den 365 Ideen im Buch haben Sie über das Kapitel *Die restlichen 842 Ideen* auf Seite 157 Zugang zu den restlichen für dieses Projekt generierten Ideen. Auch die 365 Zitate ab Seite 177 taugen als Impulsgeber.

Das mit den Ideen ist geschafft. Die Herausforderung ist jedoch nicht, die Idee zu haben, sondern zu erkennen, ob sie Potenzial hat und den Mut zu haben, sie dann konsequent umzusetzen.

»Jede wirklich gute Idee klingt am Anfang verrückt und erscheint aus verschiedensten Gründen nicht durchführbar!«

Denken Sie daran, dass jede tolle Idee am Anfang vollkommen verrückt klingt. Sehen Sie sich einfach die Anfänge der einen oder anderen Erfolgsgeschichte an. Noch mal: Jede wirkliche Innovation hört sich vor der erfolgreichen Umsetzung absurd, abwegig, durchgedreht, hirnverbrannt und vollkommen irre an.

Michael Dell entschloss sich, den gesamten Zwischenhandel auszuschalten und PCs direkt an die Endverbraucher zu verkaufen und diese erst nach der Bestellung und nach persönlichen Spezifikationen zu fertigen. Das klang damals definitiv undurchführbar! Jeff Bezos entschloss sich, Bücher über das Internet zu verkaufen. Ein virtueller Buchladen? Im Jahr 1994 wirkte diese Idee mehr als abenteuerlich, heute weiß jeder, dass die Idee, Amazon zu gründen, richtig war. Diese beiden Beispiele sollten genügen. Kaum jemand hätte auch nur einen Cent auf den Erfolg einer dieser beiden Ideen gesetzt. Sie können die Liste selbst beliebig erweitern. Überprüfen Sie alle Innovationen – ich meine echte Innovationen, keine Innovatiönchen – und Sie werden sehen, dass ausnahmslos alle der zugrunde liegenden Ideen vor der Umsetzung im besten Fall belächelt wurden. Wenn Sie eine Ausnahme finden, lassen Sie es mich wissen.

Die große Mehrheit erkennt gute Ideen nicht. Es klingt etwas zynisch, aber genau das ist Ihre Chance. Wenn Sie eine Idee haben und viele Menschen sagen, dass daraus nichts wird, ist die Idee mit großer Sicherheit gut.

»Haben Sie den Mut, Ideen in der ursprünglichen Form umzusetzen.«

Ich habe die Erfahrung gemacht, dass die meisten Menschen dazu neigen, hervorragende Ideen zu verwässern. Der zunächst verblüffende Kern der Idee, der zugegebenermaßen einigen Mut zur Umsetzung gebraucht hätte, wird – im Sinne einer Konsensfindung – so lange angepasst und verwässert, bis der Kick weg ist, also kaum noch etwas Ungewöhnliches übrigbleibt. Die so geänderte, ergänzte und reduzierte, gewissermaßen kastrierte Idee gleicht dann einem zahnlosen Tiger. Aus einem Raubtier wurde ein Kuscheltier, das nur noch so groß ist, dass man es als Schlüsselanhänger benutzen kann.

Wenn Sie neue, ungewöhnliche Ideen umsetzen wollen, müssen Sie zwangsläufig den Mainstream verlassen. Wenn Sie das kopieren, was andere machen, schaffen Sie maximal eine kleine Optimierung von längst Bekanntem. Das ist eine Verbesserung, keine Innovation. Durch Benchmarking und Best Practice entstehen Kopien. Das ist wie Malen nach Zahlen. Originale oder wirklich Neues entstehen durch die Methode, von anderen abzukupfern, nicht. So wurde auch die Glühlampe nicht durch die Weiterentwicklung der Kerze erfunden.

Trauen Sie sich, neue Wege zu gehen! In aller Regel ist Best Practice keine Er-
folgsmethode, sondern der Versuch, Fehler zu vermeiden und sich zusätzlich
ein Alibi zu verschaffen. *„Wenn ich es genauso wie andere mache, kann nichts
schiefgehen und wenn doch, ist es nicht meine Schuld."* Trauen Sie sich was!
Das Ziel war doch, dass sich Ihr Unternehmen zum Bewerbermagnet entwickelt
und es bleibt.

**»Massiver Widerstand gegen Innovationen ist nicht die Ausnahme,
sondern der Normalfall.«**

Sie wissen, dass die meisten Menschen gute Ideen nicht erkennen. Neue Lösungen werden demzufolge selten mit offenen Armen empfangen. Die meisten
großartigen Ideen waren anfangs das Ziel von Gespött. Genau deshalb habe
ich den Innovationshemmnissen und dem Umgang mit ihnen ab Seite 174 ein
eigenes Kapitel gewidmet. Die frischen Ideen sind noch zarte Pflänzchen und
mir ist wichtig, dass die Lösungsvorschläge wachsen, zum Blühen kommen und
echte Innovationen werden. Glauben Sie an die Ideen, die mit Ihnen in Resonanz
gehen. Glauben Sie an das Potenzial, das in ihnen steckt und sorgen Sie dafür,
dass Ihre Ideen realisiert werden!

365 Ideen, wie IHR Unternehmen Top-Kandidaten magnetisch anzieht

Was macht Ihr Unternehmen zum Bewerbermagnet? Die Bezahlung – wie es uns der Cartoon, passend zur weit verbreiteten Meinung, vermitteln will – ist es nicht in erster Linie, so viel kann ich schon mal verraten.

Das richtige Umfeld, eine begeisternde Vision oder eine herausfordernde Aufgabe zieht Menschen an, die sich sogar ohne Geld engagieren. Wikipedia und unzählige Open-Source-Projekte beweisen das. Weltweit entwickeln rund um die Uhr Zehntausende Programmierer, ohne dafür Geld zu kriegen, Software. Andere arbeiten an freien Enzyklopädien. Denken Sie auch an die Sportvereine. Dort mühen sich die Menschen ab und zahlen sogar noch Beitrag dafür – ganz zu schweigen von Extremsportlern und Bergsteigern, die sogar ihr Leben aufs Spiel setzen, um selbstgesteckte Ziele zu erreichen. Aber was genau macht nun Ihr Unternehmen so interessant, dass sich die Bewerber darum reißen, bei Ihnen zu arbeiten?

Das Ihnen bereits vorgestellte zwölfköpfige Expertengremium hat für Sie aus den 1.207 abgegebenen Ideen 365 lesenswerte ausgewählt. Alle abgedruckten Ideen wurden in der ursprünglichen Version übernommen, lediglich Rechtschreibfehler haben wir korrigiert. Bei einem zu kreativen Satzbau haben wir so behutsam wie möglich umgestellt und falls erforderlich ergänzt. Zur einfacheren Handhabung wurden die Ideen in Kapitel gegliedert. Die Reihenfolge der Kapitel und Ideen innerhalb der Kapitel stellt keine Gewichtung und Wertung dar. Über die nachfolgende Grafik bekommen Sie ein Gefühl dafür, auf welche Themengebiete sich alle 1.207 abgegebenen Ideen aufteilen.

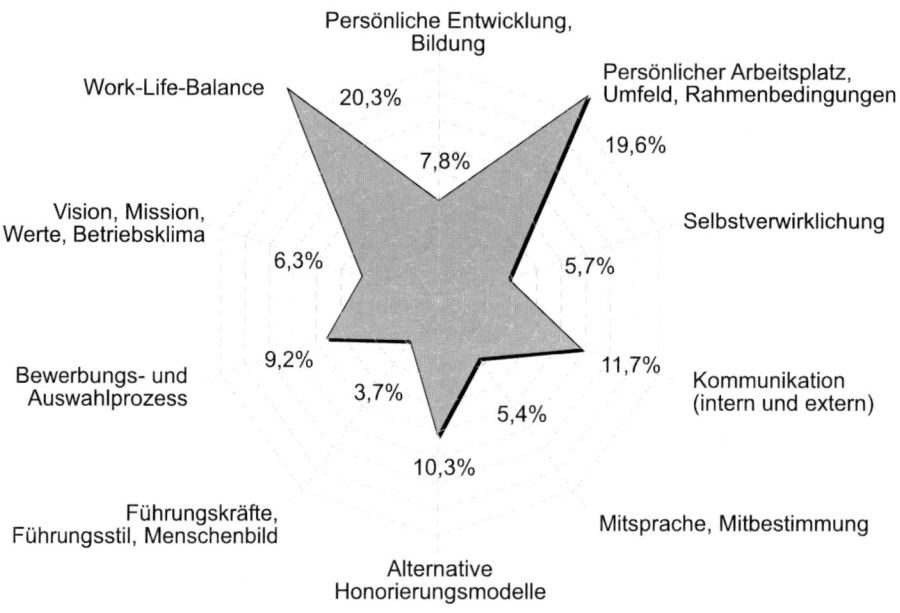

Verteilung der Ideen auf die zehn Themengebiete

Gleiche Ideen wurden nur einmal abgedruckt. Zu einer bereits vorhandenen Idee wurden jedoch fallweise ähnliche Vorschläge oder Lösungen aufgenommen, sofern diese ergänzende Aspekte oder anders formulierte Gedanken enthielten. Beim Lesen entsteht so ab und zu der Eindruck, dass sich Ideen wiederholen. Die geschilderten Überschneidungen sind Absicht. Eine alte Sufi-Weisheit sagt: *„Durch Wiederholungen gewinnst du mehr, als du glaubst."*

Im Durchschnitt betrifft jede der abgegebenen Ideen knapp zwei Themengebiete. Die Zuordnung zum jeweiligen Kapitel habe ich nach dem Kern- bzw. Hauptthema vorgenommen. Die Themen *Work-Life-Balance* und *Persönlicher Arbeitsplatz* führen in den Top 5 quantitativ deutlich vor *Kommunikation, Alternative Honorierungsmodelle* und *Bewerbungs- und Auswahlprozess.* Vernachlässigen Sie jedoch keinesfalls die anderen Themenfelder. So strahlt beispielsweise *Führungskräfte* sicher in andere Bereiche und gewinnt zudem stark an Bedeutung, wenn es später darum geht, die gewonnenen Talente im Unternehmen zu halten. Wer würde dem Motivationsexperten Dr. Reinhard K. Sprenger widersprechen: *„Menschen kommen zu Unternehmen, aber sie verlassen Vorgesetzte".*

Und jetzt geht's endlich los. Starten wir mit den Ideen, wie Ihr Unternehmen zum Bewerbermagnet wird. 871 Ideengeber haben sich für Sie ins Zeug gelegt und sich für Sie etwas einfallen lassen.

Lassen Sie die Ideen frei.

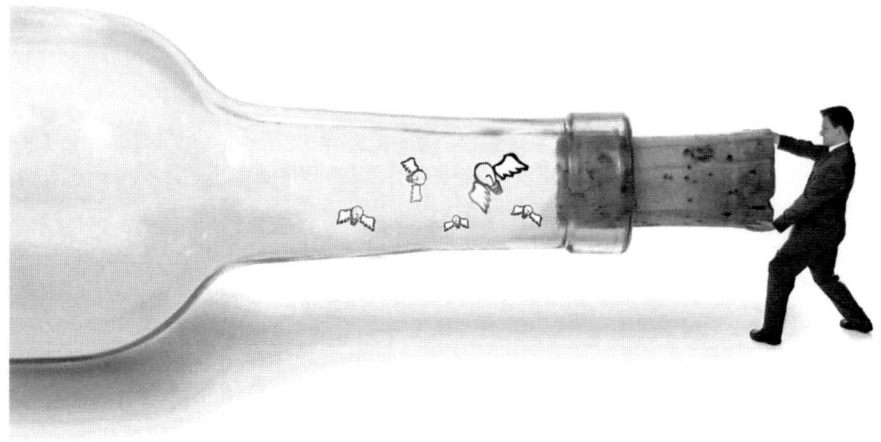

Sie werden überrascht sein, was passiert.

Stellenausschreibung, Ansprache, Bewerbungs- und Auswahlprozess

Geschwindigkeit, Ehrlichkeit, Offenheit, Transparenz, klares Anforderungsprofil, Event, Erlebnis, nachvollziehbare Entscheidungen

1 Gefallen hat mir eine Website, die nur für Mütter war, die nach der Babypause wieder einsteigen wollen – alle Fragen schon im Vorfeld beantwortet, sehr umfassend, sehr übersichtlich: Klasse!

2 Das Unternehmen arbeitet aktiv mit Social Media. Für alle wichtigen Produkte gibt es aktive Communities, um mit Kunden im ständigen Dialog zu bleiben und das Wissen der Kunden, die genaugenommen Fans sind, zu sammeln. In den Communities werden immer wieder neue Mitarbeiter rekrutiert.

3 Die Mitarbeiter des Unternehmens, die als Trendscouts „arbeiten", sprechen mich persönlich an. Was beeindruckt mehr als Mitarbeiter, die als Botschafter, Freunde und Fans ihre neuen Kollegen gezielt suchen?

4 Für ein Unternehmen würde es auch eine gute Sache sein, bestimmte Führungskräfte als „Schulpaten" einzusetzen. Die Führungskräfte besuchen ausgewählte Schulen und stellen ihr Unternehmen und die Ausbildungsmöglichkeiten vor. Bei mehreren Treffen haben Schüler und Führungskräfte Zeit, sich gegenseitig kennenzulernen, indem z.B. eine Betriebsführung organisiert wird, ein Bewerbungstraining durchgeführt, Trainings für Vorstellungsgespräche u.v.m. So kann das Unternehmen seine Ausbildungsplätze früh und gezielt anbieten und schon mal die Besten dafür interessieren und an sich binden.

5 Klare Formulierungen in der Stellenausschreibung, was wirklich gesucht wird, wären ein ziemliches Novum. Liebe Arbeitgeber, lasst einfach etwas Selbstbeweihräucherung weg, also keine ausgewalzten Erklärungen zur Unternehmensgeschichte und Marktposition (das recherchieren wir doch sowieso – wenn es uns interessiert), sondern vielmehr handfeste vollständige Aussagen, worum es bei der ausgeschriebenen Position geht und wen Ihr genau sucht. Das klassische Anforderungsprofil bringt doch beiden Seiten nichts. Wer würde denn – vorausgesetzt er könnte erahnen, was genau SIE sich darunter vorstellen – zugeben, dass er nicht flexibel, belastbar, ehrlich, pünktlich, teamfähig, kunden- und serviceorientiert, zuverlässig, verantwortungsbewusst, durchsetzungsstark, analytisch und sozial kompetent ist?

6 Taste Business: Studenten bekommen von Firmen Projekte während des Studiums zur Bearbeitung gestellt. Sie lernen Top-Manager kennen, knüpfen wertvolle Kontakte und bekommen einen realen Eindruck vom Firmenalltag.

7 Für die Bewerber gibt es einen reservierten Parkplatz in der ersten Reihe und der Knüller: es steht der Name des Bewerbers auf dem Schild.

8 Von Anfang an spürt man den besonderen Spirit des Unternehmens, der geprägt ist von Professionalität, Verbindlichkeit, Zuverlässigkeit, Wertschätzung, Humor und Herzlichkeit – alles ist wohltuend anders und macht Lust auf mehr!

9 Es gibt monatlich einen – von einem externen Profi moderierten – Innovationsworkshop, um neue Produkt- und Dienstleistungsideen für das Unternehmen zu entwickeln. Zu diesen Workshops sind Familienangehörige und Freunde der Mitarbeiter genauso eingeladen wie Bewerber. Bewerber können so das Unternehmen besser kennenlernen.

10 Die Stellenanzeige schaltet nicht die Personalabteilung, sondern das Team, in dem man arbeitet; es gibt natürlich ein Foto vom Team und jeder ist mit Namen erwährt und beschreibt, wie er sich den neuen Kollegen/die neue Kollegin vorstellt.

11 Über Social Networks z.B. könnten Mitarbeiter ihre Freunde, welche potenzielle Mitarbeiter werden könnten, an den Arbeitgeber empfehlen. Quasi ein „Mitarbeiter empfehlen Jobs Programm". So könnte z.B. auf Xing das Unternehmen seine Stellenangebote veröffentlichen, und die Mitarbeiter könnten diese Angebote in Ihr Profil integrieren, um so Freunde/Bekannte etc. dafür zu interessieren. Quasi Mitarbeiter Beispiel von Unternehmen Mustermann & Co. KG hat in seinem Profil die offenen Stellen von Mustermann & Co. KG verlinkt. Die Freunde können sich dann direkt mit ihrem Bekannten unterhalten; bei entsprechender Tauglichkeit kann hier der üblichen Bewerbung ein Empfehlungsschreiben des Mitarbeiters beigefügt werden. Natürlich kann das Unternehmen den werbenden Mitarbeiter für seinen Einsatz, z.B. in Form von Vermittlungsprämien etc., entsprechend entlohnen. Hier gibt es viele Möglichkeiten, wichtig ist jedoch die Nutzung der Plattform und des Mediums.

12 Wenn sich die Entscheidung beim Arbeitgeber in die Länge zieht, erhält man unaufgefordert eine Info der besonderen Art (handgeschriebene Karte „sorry, es dauert noch etwas ...").

13 Der Bewerber bekommt morgens eine SMS: „Wir freuen uns, Sie heute um XX:XX Uhr persönlich kennenzulernen! Herzliche Grüße, Vorname Nachname, Beispiel GmbH". Hab' ich erst einmal erlebt – bei der Firma, bei der ich jetzt arbeite ☺

14 Top-Leute bewerben sich nicht, sie werden gefunden. Zudem sind gute Leute meist auch neben ihrer Spezialisierung aktiv. Unternehmen, die diese Leute wollen, müssen sich gezielt an Stipendiaten richten.

15 Respektvoller Umgang mit Bewerbern ist eine Seltenheit und demzufolge beeindruckend.

16 Der Bewerber bekommt eine Fahrkarte, ein Flugticket, einen Taxigutschein oder einen Tankgutschein für seine Anreise / Anfahrt und Rückfahrt zum Bewerbungsgespräch per Post lange VOR dem Gespräch; in dem Brief sind weitere Informationen zum Unternehmen.

17 Stelleninserate in Zeitungen? Gähn, die lese ich doch nie, der Teil ist nur Altpapier. Mich begeistern Sie mit Facebook-Gruppen zu Ihrem Unternehmen, Online-Ausschreibungen auf XING, HR-News auf Twitter und Unternehmens-Insights auf Youtube. Damit weiß ich auch, dass Sie als Unternehmer ein Freund und Kenner von Social Media sind. Das zieht mich an.

18 Es gibt ja das Karriereportal Xing, auf dem sich viele mögliche Top-Bewerber befinden. Zur Zeit findet man ja auf vielen Websites das Facebook-Symbol, das man anklicken kann, wenn einem die Seite oder der Beitrag gefällt. Jetzt stellen Sie sich vor, Sie haben auf Ihrer Website oder sonst wo eine Ausschreibung geschaltet (Ausbildung, Studium, Stelle) und jeder, der einen Xing-Account hat, kann anklicken, dass er interessiert ist. Sie können nun anhand der Profile Kontakt zu den möglichen Bewerbern aufnehmen und persönlich mit ihnen das mögliche weitere Verfahren abstimmen.

19 Die Bewerber im Vorstellungsgespräch nicht nur mit den neuen Chefs bzw. HR-Managern sprechen lassen, sondern mit möglichen neuen Kollegen ggf. direkt an deren Arbeitsplätzen. Das schafft Vertrauen.

20 Das Bewerbungsgespräch findet in einer ganz besonderen Location statt: auf einem Leuchtturm, der Zugspitze, dem Fernsehturm, der Dachterrasse des höchsten Gebäudes der Stadt …

ÜBERRASCHEN SIE IHRE BEWERBER!

Befolgen Sie diese Worte, und alles, was Sie tun, wird kreativ sein.

21 Persönliche Ansprechpartner mit Bild, persönlicher E-Mail-Adresse und Durchwahl.

22 Fragen Sie die High-Potentials, was einen Bewerbermagnet ausmacht. Initiieren Sie eine Facebook-Gruppe und verlosen ein Praktikum. Im Zuge dessen fragen Sie einfach danach. Es gibt auch auf Xing, so viel ich weiß, eine High-Potential-Gruppe, die man auch mit dieser Frage konfrontieren kann.

23 Der Kontakt zum Unternehmen ist sehr intensiv; die Ansprache erfolgt in kurzen Abständen.

24 Bei jeder Stellenausschreibung ist auf der Website eine typische Arbeitswoche genau beschrieben, damit sich der Bewerber/die Bewerberin genau vorstellen kann, was ihn/sie erwartet.

25 SMS zum Geburtstag oder zum Namenstag.

26 Das Unternehmen ist für Bewerber rund um die Uhr (auch an Wochenenden!) ansprechbar.

27 Ein handgeschriebenes Flipchart in der Eingangshalle: „Ein herzliches Willkommen Herr Max Muster ..." begrüßt den Bewerber.

28 Die Einladung zum Gespräch sieht ganz besonders aus und könnte ähnlich einer Einladung zu einer Feierlichkeit aufgemacht sein; die Einladung sollte nicht allzu förmlich wirken (je nach Position natürlich); der Bewerber wird je nach Lage abgeholt bzw. die Anreise wird für ihn komplett organisiert.

29 Nach dem Bewerbungsgespräch kommt per Post ein Dankschreiben mit detaillierten Hinweisen über den weiteren Ablauf.

30 Feedback vom Personaler mit der Info, warum man abgelehnt wurde. Trotz diesem Gleichstellungsgesetz oder wie immer das heißt, sollte es doch eine Möglichkeit für ein faires Feedback geben. Wo eine Wille ist, ist auch ein Weg, oder?

31 Die Firma beantwortet vor der Bewerbung meine Checkliste oder hat die Fragen bereits vorausschauend auf der Website (Bilder, Grafiken, Text, Video ...) überzeugend beantwortet – hier einige Punkte meiner Checkliste:
- Warum ist die Stelle frei?
- Wo steht das Unternehmen heute und wo will es in 3 Jahren stehen?
- Welche Rolle spielt die zu besetzende Position bei der Strategieumsetzung?
- Wann wurde die letzte Mitarbeiterbefragung durchgeführt?
  (Was waren die positiven Ergebnisse und was die verbesserungswürdigen Themen hieraus?)
- Was erwarten die unmittelbaren Vorgesetzten?
- Wie wird im Unternehmen kommuniziert?
- usw.

32 Virtuelle Tour durchs Unternehmen: Setzen Sie in jedes Bewerbungsinserat einen Link zu Youtube o. Ä. Dort zeigen Sie in einem kommentierten Rundgang, wie das Unternehmen aussieht, wo mein Arbeitsplatz ist, wer in meinem Team ist und wer mein Chef sein wird. Das macht neugierig und schafft Vertrauen.

33 Das Bewerbungsgespräch findet als Beratungsgespräch zu Hause beim Bewerber statt und die Eltern (bei Azubis) oder der Lebenspartner sind auch dabei und können sich so aus erster Hand einen Eindruck machen.

34 Kommuniziert werden sollte je nach Anlass per Mail, Anruf, Skype mit Video, Post, SMS oder durch persönliches Erscheinen.

35 Potenzial schlägt Erfahrung, Noten und Abschlüsse. Mich motiviert, wenn sich die Firma erst in der zweiten Runde für Noten und Abschlüsse interessiert und sich erst mal nur mit meinem Potenzial beschäftigt; und besonders auch, ob mein Profil mit der Position im Einklang steht. Ich habe das Glück, dass ich mit TOP-Noten von der Schule komme, will aber die Sicherheit, dass der Job zu mir passt.

36 Abholservice: Besonders interessante Kandidaten werden zum Vorstellungsgespräch von zu Hause von einem Chauffeur abgeholt. Das hinterlässt sofort einen sehr positiven Eindruck. Bei Kandidaten, die weiter entfernt wohnen, kann es einen Abholservice vom Flughafen geben.

37 Statt einem neutralen „wir melden uns dann bei Ihnen" gleich im Bewerbungsgespräch ein ehrliches Feedback geben. Wie war der Eindruck im Gespräch? Passt es grundsätzlich – oder eben nicht? Was bringt es der Firma, wenn eine feststehende Meinung nicht gleich kommuniziert wird? – nur Frust beim Bewerber!

38 Auf der Karriere-Webseite gibt es bei der Stellenausschreibung einen Callback-Service, bei dem ich bei Rückfragen nur meine Telefonnummer angeben muss und innerhalb von wenigen Sekunden habe ich den Ansprechpartner für die Stelle am Telefon; habe ich bei www.sparda.jobs schon mal ausprobiert – echt faszinierend!

39 Die Möglichkeit, sich „neutral" zu bewerben, d. h. nicht schon von Beginn an auf Geschlecht, Religion, Aussehen etc. reduziert zu werden.

40 Bewerbungsgespräche der besonderen Art: Eine Castingshow mit Kunden in der Jury – die Kunden suchen die neuen Mitarbeiter für das Unternehmen aus, denn die haben ja besonderes Interesse daran, dass die Firma die „richtigen" an Bord holt.

41 Bewerbermagnete setzen auf professionelle Eignungsdiagnostik. Selbst wenn man als Bewerber nicht bei dem Bewerbermagnet arbeiten darf, gewinnt man wertvolle Erkenntnisse, wo die persönlichen Stärken wirklich liegen und wie das eigene Persönlichkeitsprofil aussieht. Das ist eine echte Win-win-Situation: Jeder Bewerber bekommt klare Informationen über auf seinen Fähigkeiten und Neigungen basierende ideale Positionen und die Firma findet schnell und zielsicher die richtigen Mitarbeiter für die jeweilige Aufgabe.

42 Angenommen, es gäbe einen Ausweis „Company Run 2011", der von diversen Unternehmen (regional- oder bundesweit) gesponsert wird. Jeder interessierte Student sollte diesen dann bekommen und damit die Möglichkeit haben, teilnehmende Unternehmen zu besuchen, um sie kennenzulernen (1-Tages-Veranstaltung). Wenn er innerhalb eines Jahres viele besuchte Firmen vorweisen kann, könnte er einen speziellen monetären Startbonus erhalten, sofern er von einem der teilnehmenden Unternehmen einen Arbeits-/ Praktikumsvertrag erhält. Der Student bekommt einen Überblick, welche Unternehmen es gibt, welche Technik angewandt oder wie produziert wird u.v.m. Das Unternehmen lernt so potenzielle künftige Bewerber kennen. Auf jeden Fall sollte jeder Nutzer des Passes ab einer bestimmten Anzahl von besuchten Unternehmen eine Prämie erhalten (Sachpreise, monetäre Preise etc.).

43 Taste-Business-Partnerschaften. Innovative Unternehmen, die intensiv zusammenarbeiten, können ein Bewerberwochenende organisieren. So können interessierte Studenten und Absolventen mehrere Firmen an einem Wochenende kennenlernen. Es könnte Stationen geben, an denen sich alle

Unternehmen vorstellen und auch kleine Workshops durchgeführt werden. Im Verbund können sich das auch kleinere Unternehmen leisten – einen direkteren Kontakt mit Bewerbern kann es kaum geben.

44 Bewerbungsportal: hier tauschen sich Bewerber auch über Vorstellungsgespräche aus und analysieren, was daran jeweils gut war bzw. was verbesserungsfähig ist. Interessant wäre es natürlich, wenn die jeweiligen Arbeitgeber, bei denen sich die Leute beworben haben, das Bewerbungsgespräch aus Sicht des Arbeitgebers kommentieren.

45 Ein Bewerbermagnet hält seinen Auswahlprozess nicht an irgendeinem Ort ab. Dieser sollte mit Bedacht gewählt werden und nicht alltäglich sein. Denn damit rechnen die Kandidaten nicht. Die alpine Sonnenterrasse der Zugspitze mit ihrem tollen Panorama und einer extra für den Empfang zusammengestellten Beleuchtungstechnik empfiehlt sich z. B. durch die Kombination aus urbanem Flair und hochalpiner Kulisse.

46 Jeder Bewerber bekommt nach dem Bewerbungsgespräch ein Gastgeschenk mit nach Hause (Buch, Blumen, DVD, Kinogutschein ...) – welcher Bewerber würde die Geschichte nicht jedem, den er trifft, erzählen?

47 Der Vorstand/Geschäftsführer einer großen Firma ruft mich PERSÖNLICH an, berät mich in Karrierefragen und beantwortet alle meine Fragen. Hab' ich zwar noch nie gehört, dass es so was gibt, würde mich aber schwer beeindrucken!

48 Wenn es ein Unternehmen schafft, dem Bewerber in sehr kurzer Zeit Feedback zu geben bzw. Rede und Antwort zu stehen, führt das zu einem sehr hohen Imagegewinn. Das spricht sich ebenso herum wie das negative Gegenteil, allerdings mit super Wirkung auf Neubewerbungen.

49 Social-Media-Bewerbung: Anstelle den Bewerber selbst zu googeln etc., fordert ihn der Arbeitgeber auf, selbst seine Links zu Plattformen wie Facebook, XING etc. anzugeben. Der Bewerber spart sich damit den Aufwand, die Sachen nochmals zu schreiben, der Arbeitgeber Recherchen, und beide zeigen, dass sie mit neuen Medien zurechtkommen.

50 Bei jedem Statuswechsel der Bewerbung erhält der Bewerber eine SMS.

51 Es wird mir meine Frage, warum ich unbedingt dort arbeiten muss, überzeugend beantwortet. Wer mich echt faszinieren will, beantwortet die Frage übrigens, bevor ich sie stelle, denn aus schlechter Erfahrung stelle ich die Frage nämlich nie mehr, da die meisten Personaler die Antwort ohnehin nicht kennen und ich lieber eine gute Atmosphäre will.

52 Projekte statt Arbeitsplätze ausschreiben: Im Zentrum meines (flexibel gestalteten) Arbeitslebens stehen Projekte, und nicht ein sicherer Arbeitsplatz. Zeigen Sie mir, wie ich in Ihren Projekten Karriere machen kann, z. B. im Aufbau eines unternehmerischen Start-ups oder mit sozialem Engagement.

53 Irgendwie klingen Stellenanzeigen immer gleich. Schreiben die Firmen die Stellenanzeigen voneinander ab? Warum beschreibt nie jemand, welcher MENSCH gesucht wird? Also das lebendige Wesen, mit all seinen Stärken, Schwächen, Macken und Hoffnungen? Dies könnte doch anhand von Beispielen echter Mitarbeiter erfolgen. Wie ticken die? Wie leben sie? Was motiviert sie? Was haben sie für Abschlüsse und Noten?

54 Suchen Sie Abarbeiter oder Mitarbeiter? Die meisten Firmen suchen das Erstere, die meisten Bewerber interessieren sich für das Letztere. Machen Sie eine klare Ansage – so ziehen Sie die jeweils gewünschten Bewerber an, vermeiden Frust und werden für Ihre Offenheit belohnt.

55 Als Bewerber erwarte ich auf der Homepage sauber getrennte Bereiche für die unterschiedlichen Bewerberarten – momentan ist für mich der Bereich Studenten oder Absolventen wichtig und es ist echt übel, wenn mir Unternehmen einen Brei von Infos vorsetzen und ich mir selber zusammensuchen muss, was mich davon interessiert. Oft fliegt ein Unternehmen bei mir aus dem Fokus, wenn die keine ordentliche Site haben.

56 Wer direkt an den Unis/Schulen punkten will, kann z. B. einen Absolvententag in seinem Unternehmen anbieten. Man wirbt z. B. an den Unis/Schulen in Form von Plakaten, Flyern oder Internetplattformen für diesen Tag. Alle Interessierten sind eingeladen, am Tag X das Unternehmen zu besuchen. Dort stellt sich in Form von Vorträgen, Führungen und persönlichen Gesprächen das Unternehmen vor. Die Absolventen bekommen einen persönlichen Eindruck, können direkt Fragen stellen und vielleicht schon erste Kontaktdaten für eventuelle Bewerbungen austauschen. Diese Aktion hat garantiert einen Mitzieheffekt, der viele Interessierte in Ihr Unternehmen locken wird.

57 Schnelle Bewerbungsverfahren. Ich persönlich finde es unerträglich, wenn es Monate dauert, bis ein Feedback auf eine Bewerbung kommt und man bis dahin nicht Bescheid weiß. Eine gute Zusammenarbeit geht schon vor dem Start im Unternehmen los. Die Bewerber können ohne großen Aufwand regelmäßig zum Beispiel per E-Mail über den Stand der Bewerbung informiert werden. Überhaupt sollten Bewerbungsverfahren zügig abgeschlossen werden.

58 Aufgrund der demografischen Entwicklung wird es in Deutschland in absehbarer Zeit einen anhaltenden Mangel an qualifizierten Fachkräften geben. Um diesem Umstand zu begegnen, bedarf es einer Abteilung oder einer Agentur, die entsprechendes Personal im Ausland rekrutiert und dann auch bei deren Einstieg in Deutschland unterstützt. Dies beginnt bei der Hilfestellung im Hinblick auf den Papierkrieg mit den Behörden, geht über

die Unterstützung bei der Wohnungssuche und Sprachkursen und endet schließlich in der Einweisung in kulturellen Fragen usw. – damit könnte ein Unternehmen einen Vorteil bei der Anwerbung ausländischer Arbeitskräfte erlangen.

59   Der Bewerbungsprozess sollte nicht nur nach schulischer Ausbildung, sondern sehr stark am Talent, Können und auch an der Persönlichkeit des Bewerbers orientiert sein.

60   Anschauliche, authentische und emotionale Stellenanzeigen, Websites, Videos etc., die floskel- und blablafrei sind und mir zeigen, was das Unternehmen tatsächlich ausmacht und was das ganz Besondere der Firma darstellt.

61   An Weihnachten, Neujahr, Fasching, Ostern usw. bekommt der Bewerber Kleinigkeiten per Post geschickt (Osternest, Weihnachtsmann, Flasche Sekt usw.) – später – als Mitarbeiter – natürlich an seinen Arbeitsplatz.

62   Mit der Zusage des Unternehmens bekommt der Bewerber schon seine erste Visitenkarte als „Beweis", dass alles bestens vorbereitet ist; der Neue / die Neue kann also sicher sein, dass auch sonst alles vorbereitet ist: Visitenkarten, Telefon, Handy, Arbeitsplatz, PC, Firmenausweis, Schlüssel oder Key Card. Im Büro ist natürlich schon eine Grundausstattung des üblichen Büromaterials. Es ist einfach an alles gedacht für einen perfekten Start! – Das zeugt von Professionalität und Wertschätzung!

63   Bei der Bewerbung sollte ausgeblendet werden, was der Bewerber alles schon gemacht hat, stattdessen sollte man betrachten, mit welcher Motivation er sich bewirbt und was er dem Betrieb / der Firma bieten kann. Ein geradliniger Lebenslauf zeugt oftmals von Unflexibilität.

64 Im Bewerbungsgespräch habe ich erwähnt, dass ich demnächst verreise und staunte nicht schlecht, als ich zwei Tage nach dem Gespräch per Post einen Reiseführer meines Urlaubsziels geschenkt bekam.

65 Bei der Betriebsbesichtigung im Rahmen des Bewerbungsgesprächs sieht man auch die Schandflecken, also alles hinter den Kulissen und nicht nur die Schokoladenseite.

66 Bieten Sie Elite-Studenten eine Testarbeitswoche und fordern Sie sie. Bieten Sie ihnen eine gewisse Unterstützung im Studium durch Coachs oder Mentoren.

67 Dialog statt Monolog ist die Devise! Das gilt von Anfang an! Wer also nur die Beantwortung der langweiligen Standardfragen auf seiner Liste abhakt, nur labert statt auch mal zuhört, Gegenfragen nicht zulässt oder nur ausweichend beantwortet, meine Antworten unkommentiert lässt und einfach weiterfragt und auch sonst nicht auf mich eingeht, der hat mich nicht verdient. Sprecht also MIT mir, denn nur im offenen und ehrlichen Gespräch können wir herausfinden, ob wir zueinander passen.

68 Stellenausschreibung: Weg von den englischen Pseudo-Begriffen. Niemand versteht sie – niemand bewirbt sich richtig und der falsche Kandidat bekommt den falschen Job.

69 Ein persönlicher Bewerber-Scout in der Firma kümmert sich um alles; es gibt so nur einen Ansprechpartner für den Bewerber.

70 Kompetente und jobbezogene Gesprächspartner beim Vorstellungsgespräch statt unqualifizierte Vorsondierung durch die Personalabteilung.

71 Unverhofft eine HANDGESCHRIEBENE Karte zu Ostern, Weihnach
der offenen Tür, Messe oder, oder, oder ... Oder einfach nur so.

72 Ich gebe meinen Traumjob auf der Karriere-Website ein und bekomme eine
SMS und / oder eine E-Mail, wenn der passende Job im Unternehmen frei
ist und kann mich dann sofort bewerben.

73 Ich fände es freundlich, wenn ich vom Empfang bis ins Besprechungszimmer begleitet werde und ich nicht alleine durch die Flure irren muss – oder
habe ich es falsch verstanden und es ist schon der erste Test für mich nach
dem Motto: „Wie findet sich der Bewerber in einer neuen Umgebung zu-
recht?" ☺

74 Bei der Online-Bewerbung müssen nur Name und Anschrift eingegeben
und der Lebenslauf hochgeladen werden. Fertig! Supereasy!

75 Einladung: Bitte mehr Flexibilität bei den Uhrzeiten. Nicht jeder kann sich
in der alten Firma einen Tag freinehmen, um bei dem potenziellen neuen
Arbeitgeber vorzusprechen.

76 Geschwindigkeit bei der Bewerbung: Hier sollte es Unternehmens-Bewer-
bungs-Plattformen geben, wo man seinen Status erfragen kann. D. h. Rot
= Raus, Gelb = nächste Runde / Weiter im Auswahlverfahren, Grün = Bewerbungsgespräch etc. So spart man sich das lästige Anrufen in Personal-
büros.

77 Die Reaktion auf jede Kontaktaufnahme erfolgt extrem schnell – innerhalb
eines Tages nach Eingang der Bewerbung schon der erste qualifizierte Zwi-
schenbericht (also ohne Blabla!).

78 Jobausschreibungen: Realistische Angaben machen und nicht den/die Supermann/frau suchen, den/die es nicht gibt.

79 Die Einladung zu einem Bewerbungsgespräch sollte unkompliziert und nett erfolgen. Am besten per Telefon. Dann brauchen nicht unendlich viele E-Mails bzgl. Terminabsprache hin- und hergeschickt werden, sondern man kann sich sogar schon beschnuppern.

80 Komplette Online-Bewerbung: Der ganze Bewerbungsprozess soll wahlweise online ablaufen können: Einsenden eines Online-Bewerbungsdossiers mit Links auf weitere Informationen, Online-Bewerbungsgespräch mit z. B. Skype usw. Sind beide Seiten zufrieden, begibt man sich erst zum letzten Schritt (Besichtigung des Unternehmens, letzte Tests, Vertragsunterzeichnung) physisch vor Ort.

81 Werden Sie konkret im persönlichen Vorstellungsgespräch, sprechen Sie die wichtigen Themen im Unternehmen direkt an. Verzichten Sie auf Standardfragen wie „Warum sollten wir gerade Sie einstellen?" „Sind Sie flexibel, loyal?", etc. Die Fragen und die zu erwartenden Antworten tauchen in fast jedem Ratgeber auf; der Bewerber hat sich darauf vorbereitet, sie erhalten entsprechende Standardantworten. Und das bringt m. E. keine der beiden Seiten weiter.

82 Warum lesen so viele Personaler die Bewerbungsunterlagen erst während des Gesprächs? Blind-Date falsch verstanden? – Also, vorbereitete Gesprächspartner auf Seiten der Unternehmen sind angesagt, denn von den Bewerbern wird das ja auch erwartet!

83 Bewerbung als Challenge: Organisieren Sie eine mehrstufige Bewerbung, die an sich schon eine Herausforderung ist. Über ein E-Mail-Portal in Social

Networks Bewerber locken. Auf dem Portal findet dann ein E-Assessment Center statt. Die besten Bewerber kommen zum Real-Assessment Center und die besten von denen zum Bewerbungsgespräch!

84 Bin wirklich fasziniert, wenn ich als Bewerberin nicht einen der nachfolgenden Punkte erlebe – doch irgendwas ist ja leider immer:
- der Personaler denkt, er sei in der besseren Position und behandelt mich herablassend
- der Personaler macht ironische oder gar sarkastische Bemerkungen
- ich werde wegen einer „wichtigen Terminsache" alleine im Besprechungsraum sitzen gelassen
- der Personaler erscheint im Schlabberlook
- der Personaler erhebt sich zur Begrüßung und Verabschiedung nicht vom Platz
- der Personaler macht doppeldeutige oder anzügliche Bemerkungen
- der Personaler verbessert und belehrt mich
- der Personaler kaut Kaugummi
- der Besprechungsraum ist schmutzig und / oder riecht muffig
- der Personaler spricht mich nicht mit meinem Namen an
- der Personaler bietet mir nichts zu trinken an
- der Personaler schaut gelangweilt, sieht häufig auf die Uhr oder gähnt sogar
- der Personaler lästert über das eigene Unternehmen und / oder die Qualität anderer Bewerber
- das Jobangebot wird nachträglich zurückgezogen
- erst auf Nachfrage wird mir mitgeteilt, dass ich schon vor Wochen abgelehnt wurde

Mit „Personaler" meine ich natürlich auch die weibliche Form und natürlich auch andere Führungskräfte in den Unternehmen – eben alle, die Bewerbungsgespräche führen.

85 Größere Unternehmen haben oft mehrere Parkplätze oder Parkhäuser. Als Bewerber weiß man das oft nicht bzw. kann diese mangels Parkkarte nicht

nutzen. Deshalb: Den Bewerbern im Detail schildern, wo sie parken können und die ggf. notwendige Parkkarte mitschicken. Auch für den öffentlichen Nahverkehr kann mit der Einladung zum Bewerbungsgespräch eine Tageskarte mitgeschickt werden.

86 Es nervt extrem, wenn die Karriere-Website nicht über eine zum Firmennamen passende jobs-Domain erreichbar ist; offenbar hat es sich bei den Personalleitern noch nicht herumgesprochen, dass eine jobs-Domain ein Qualitätskriterium für eine professionelle Karriere-Website ist.

87 Speed-Dating – Expressbewerbung: Es wäre toll, innerhalb von Stunden zu erfahren, ob man die Stelle kriegt oder nicht.

Persönlicher Arbeitsplatz, Umfeld, Team, Rahmenbedingungen

Freude an der Arbeit, Spaß, Humor, Wohlfühlfaktor, Aktion, Erlebnisse, Events, Kultur, Ausstattung, Arbeitsmittel, Kollegen, Teamgeist, Wir-Gefühl, Arbeitszeit, Arbeitsort/e, Homeoffice

88 Begrüßungspaket für neue Mitarbeiter mit Grundausstattung an Büromaterial (z. B. inkl. edlem Kugelschreiber mit eingraviertem Namen), einem interessanten Buch (wenn möglich über die Firma oder die Branche), einem Restaurantgutschein aus der Umgebung usw. ...

89 Ein Nickerchen im Büro ist für die Leistungsfähigkeit am Arbeitsplatz Gold wert. Damit man nicht mit dem Kopf auf der Tischplatte schläft und später gerädert weiterarbeiten muss, bieten sich speziell entworfene Schlafmöbel in separaten Räumen oder in unmittelbarer Arbeitsplatznähe an.

90 Es ist nur interessant, wie die Mitarbeiter ihren Arbeitgeber sehen. Wahre Schönheit kommt von innen. Zufriedene Mitarbeiter sind das beste Personalmarketing. Clevere Bewerber schauen sich längst auf Arbeitgeberbewertungsplattformen um. Employer Branding ist Werbeblabla, Arbeitgeberbewertung ist die Wahrheit. Kümmert euch um eure Mitarbeiter, dann kommt der Rest von alleine.

91 Frauen haben die gleichen Möglichkeiten wie Männer, sich aussichtsreich für Führungspositionen zu bewerben.

92 Kleine Aufmerksamkeiten für Mitarbeiter zum Geburtstag.

Was ist eine gute Idee?

Eine Idee, die umgesetzt wird.
Notieren Sie die Ideen, die Sie umsetzen wollen, ab der Seite 248.

93 Kleinere und mittlere Unternehmen tun sich über den Berufsverband, die Innung oder Kammer zusammen, um Mitarbeitern Abwechslung zu bieten. Die Firmen tauschen regelmäßig einige Mitarbeiter aus, das hat für alle Vorteile: die Bewerber müssen nicht bei großen und / oder internationalen Konzernen arbeiten, um Abwechslung bezüglich der Standorte / Bereiche zu erleben, die Firmen haben Mitarbeiter, die über den Tellerrand schauen – so kommt der Bäckerlehrling aus München z. B. nach Berlin oder Hamburg und zeigt denen, wie man bayrische Brezen macht und lernt dafür andere Dinge – natürlich zieht das Bewerber an!

94 Das A und O für die Top-Leute ist weder der tolle Schreibtisch noch das dicke Gehalt, sondern ihre Mitarbeiter. Bieten Sie Bewerbern eine gute Übersicht über das zukünftige Team, welches sie sich aus den Skillcards der Kollegen zusammenstellen können.

95 Familie und Beruf vereinen! Das Homeoffice und andere mobile Arbeitsformen liegen im Trend. Davon können Beschäftigte und Unternehmen profitieren. Die Mitarbeiter können Beruf und Familie somit besser miteinander vereinbaren, die Arbeitgeber können qualifizierte Kräfte langfristig an sich binden.

96 Tele- bzw. Heimarbeitsmöglichkeiten zählen heute zu sehr wichtigen Punkten, da sie gerade für ländlich wohnende Personen eine lohnenswerte Alternative zum Stadtleben oder Pendeln sind. Wird dies angeboten, ist die Wahrscheinlichkeit für mehr passende Bewerber höher und garantiert somit die Wiederbesetzung von Arbeitsplätzen mit qualifiziertem und motiviertem Personal.

97 Die Freiheit, kurzfristig auch einen halben Tag frei zu nehmen (z. B. wenn das Wetter schön ist, um auf das Fahrrad zu steigen) und dafür die Stunden später (evtl. auch abends) nachzuleisten.

98 Bieten Sie einen Spiel- und Entspannungsraum für die Angestellten, um sich zu sammeln und Kraft oder Kreativität zu tanken.

99 Uneingeschränkter Internetzugang, und mein privates Handy bleibt an.

100 24/7! Die Firma der Zukunft ist 24 Stunden am Tag zugänglich für die Mitarbeiter. So können motivierte Leute sich ihre Arbeitszeit flexibler gestalten, also einige Tage die Woche sehr lang arbeiten, dann einen Tag zu Hause bleiben.

101 Bieten Sie den Mitarbeitern die Möglichkeit an, sich auf Firmenkosten Fachliteratur, Messen, Veranstaltungen etc. zu kaufen / zu besuchen. Geben Sie den Mitarbeitern die Chance zur Inspiration, Kreativitätssteigerung und Innovationsfähigkeit.

102 Ein freier Tag im Jahr für Teambildung – die Gruppe darf gemeinsam ein Event planen – es gibt ein Budget von der Firma.

103 Das Unternehmen hat ein funktionierendes System für die Einarbeitung neuer Mitarbeiter/-innen in der Form:
- Das Einarbeitungssystem wird dem Bewerber im Bewerbungsgespräch erläutert
- Jedem Neuling wird für ca. 1 Jahr ein sog. „Pate" zur Seite gestellt. Der Pate weist den Neuling nicht nur ein, sondern steht diesem bei Bedarf für etwaige Fragen und Hilfestellungen zur Verfügung. Der Pate macht dies nicht nur so „nebenbei", sondern hat dies als eines seiner persönlichen Ziele und Aufgaben, dass der Neuling erstklassig eingearbeitet wird! Mit Erfolgskontrolle am Jahresende der Einarbeitungszeit!
- Der Neuling wird im 1. Jahr im wöchentlichen Turnus mit den verschiedensten Abteilungen bekannt gemacht und von den Abteilungen in 1–2-

stündigen Gesprächen/Unterrichtungen über deren Aufgaben/Themen unterrichtet. Dadurch entstehen Kontakte und Bekanntschaften, die Teamarbeit fördern.

104 Darf meinen Hund in die Firma mitbringen – wau!

105 Verbannen Sie den üblen Schreibtisch bzw. schaffen Sie Orte im Unternehmen, wo Mitarbeiter in Ruhe und in angenehmer Atmosphäre schwierige Denkaufgaben, Gespräche oder andere Dinge erledigen. Ein eigenes gemütliches Café oder eine Lounge kann beispielsweise zu einer heiteren und arbeitsfördernden Atmosphäre beitragen.

106 In jedem Raum (Büros, Besprechungsräume, …) der Firma ist ein Quellwasserbrunnen. Es gibt ja verschiedene Anbieter mit Verfahren, durch das sich das Wasser an seinen an der Quelle hochwertigen Eigenzustand erinnert. Das Ergebnis ist frisches und reines Quellwasser, das den Mitarbeitern gut tut und für Wohlbefinden sorgt.

107 Teilzeit-Manager: Manager sind bislang die Menschen, die am häufigsten einen Herzinfarkt erleiden. Immer mehr Führungskräften werden auch andere Lebensbereiche wichtig; sprich, sie wollen nicht irgendwann später mit ihrer Frau und ihren Kindern „Familie leben", sondern im Hier und Jetzt. D.h., auch Führungskräfte sollten in Teilzeit arbeiten können. Ein deutsches Windkraftunternehmen wurde in den letzten Jahren sogar dafür ausgezeichnet.

108 Es gibt Düfte, die die Konzentrationsfähigkeit von Menschen steigern. Durch ein ausgeklügeltes Bürolüftungssystem könnte jedes Büro, jeder Arbeitsplatz, in Abstimmung mit den „Betroffenen", mit bestimmten Duftkombinationen geflutet werden.

109 Keine Jahres- oder sogar Monatsverträge anbieten! In der Probezeit kann man auch herausbekommen, ob ein Mitarbeiter den Leistungsanforderungen entspricht.

110 Kreativ- und Strategiearbeit darf der Top-Mitarbeiter auch zu Hause oder im Sommer am See oder Berg etc. erledigen – wo er will. Er sollte sich bei dieser Denk-, Konzept- und Kreativarbeit vollkommen frei bewegen und frei fühlen können, um das bestmögliche Resultat für die Firma zu erzielen.

111 Toiletten, die eher Wellness-Oasen gleichen als Sanitäranlagen.

112 Bewerbermagnete haben die ungewöhnlichsten und coolsten Büromöbel wie z. B. *www.Link01.Bewerbermagnet.com* oder nach Themen eingerichtete Besprechungszimmer, z. B. Flugzeug *www.Link02.Bewerbermagnet.com*, Bauernstube, Roter Salon, Spielhölle ...

113 Duschmöglichkeiten und Umkleidemöglichkeiten am Arbeitsplatz ermuntern Mitarbeiter, auch über längere Distanzen mit dem Fahrrad oder per Jogging zu kommen und machen die Firma für Sportbegeisterte interessant.

114 Gute Atmosphäre. Schwer in Worte zu fassen, aber extrem wichtig ist eine positive und angenehme Atmosphäre. Was heißt das? Angenehmes Raumklima, Ecken und Treffpunkte für informelle Kommunikation, Freiraum in der Gestaltung der Büroräume etc. – Das Ganze vermarkten ist noch schwerer. Muss selbst gespürt werden. Daher vielleicht einen Probearbeitstag entwerfen und anbieten.

115 Top-Leute bringen Top-Leistung. Daher sollten sie auch mehr Freizeit haben. Wenn bekannt würde, dass Sie die 4-Tage-Woche für Top-Leute bieten, dann könnte das magnetisch auf TOP-Leute wirken!

116 Startbudget für „persönliche" Ausstattung: Vielleicht möchte der eine neue Mitarbeiter lieber einen schnelleren Laptop, der andere einen schöneren Schreibtisch ... – mit einem „persönlichen" Budget für eine Startausstattung ist das möglich.

117 Farben tragen wesentlich zum Wohlbehagen bei. Bewerbermagnete arbeiten mit saisonal unterschiedlicher und sich im Tagesablauf ändernder Farbgebung von Boden-, Wand- und Deckenflächen.

118 Bestmögliche Ausstattung des Arbeitsbereiches: Licht, PC etc.

119 Eine moderne und attraktive Firma verfügt über inspirierende und ungewöhnliche Räumlichkeiten. Bewachsene Wände, offen gestaltete Räume, die in speziellen Fällen voneinander abgetrennt werden können, ein Fluss, der durch das Gebäude fließt ...

120 Social Company Activities: Es gibt sportliche Gruppen, musische Gruppen oder sonstwie geartete Gruppen, in denen sich Mitarbeiter der Firma betätigen können! Bildet das Team und das Individuum.

121 Firmengebäude, das auch architektonisch den Netzwerkgedanken widerspiegelt: Kreisförmig angeordnete Räume mit einladend gestalteten (schöne Möbel, Pflanzen, Blumen) Café-Inseln als Treffpunkt in der Etagen-Mitte. Dort befinden sich lockere Sitzgruppen und Stehtische mit Strom- und Internetanschluss für den Laptop.

122 Genau genommen ist die Antwort auf Ihre Frage ganz einfach: Konzentrieren Sie sich einzig und allein darauf, dafür zu sorgen, dass Ihre Mitarbeiter sich freuen, am Montag wieder zu arbeiten. Noch ein Tipp: Es geht nicht um Geld und Boni.

123 Fixe Schnupperstunden in anderen Abteilungen, um a) Arbeitsweisen und b) die Menschen kennenzulernen.

124 Im Außenbereich des Betriebs stehen Bänke und Tische, die in der Sommerzeit sicher gern genutzt werden.

125 Zwei große Bildschirme und ein vernünftiger PC, der nicht immer abschmiert.

126 In Produktionshallen sollten viele künstliche und natürliche Pflanzen aufgestellt werden, um einen sehr naturnahen Arbeitsplatz zu simulieren.

127 Bewerbermagnete haben vollkommen durchgängige Arbeitszeitmodelle. Der Bewerber / Mitarbeiter entscheidet, je nach Lebensphase, ob er 15, 20, 25, 30, 35 oder 40 Stunden arbeiten möchte oder er als Freelancer für Projekte zur Verfügung steht und kann immer nach Belieben sein Zeitmodell und / oder seine Anstellungsart (Freelancer oder Mitarbeiter) wechseln.

128 Das Firmengebäude ist in moderner Holzbauweise gestaltet, mit tageslichtdurchfluteten Räumen, einer wohltuenden Atmosphäre und einem gesunden Raumklima. Alles biologisch und doch modern. Die Natur steht im Vordergrund in einer Arbeitswelt, die viel Wert auf den Einklang von Körper, Geist und Seele legt.

Was ist
eine schlechte
Idee?

Sogar eine schlechte Idee, die umgesetzt wird, ist besser, als eine gute, die nicht verwirklicht wird. Ideen müssen umgesetzt werden, bevor man sie als gute Ideen wahrnehmen kann. Notieren Sie die Ideen, die SIE umsetzen wollen, ab der Seite 248.

129 Die Firma bietet Ruhezonen an für „power napping"[11]; am Liegestuhl steht natürlich auch ein Wecker.

130 Die Bürobestuhlung wird im Dienstleistungszeitalter immer wichtiger. Ein Bürostuhl sollte mehrere Eigenschaften aufweisen: Neben der individuell einstellbaren Sitzposition könnte er kurzerhand in ein Trainingsgerät umfunktioniert werden, um Dehnübungen und Sit-ups darauf auszuführen. Zugleich könnte sich der Stuhl mit wenigen Handgriffen für ein Nickerchen zur bequemen Liege umgestalten lassen.

131 Top-Kandidaten sind häufig Kopfarbeiter, die an Arbeitsorten, an denen sie sich wohlfühlen, ein Vielfaches mehr leisten. Bewerbermagnete haben daher den festen Arbeitsplatz weitgehend abgeschafft. Büro-Räumlichkeiten beinhalten neben dem konventionellen Bürostuhl sogenannte Bar-Workstations, die zum Fachaustausch im Stehen animieren. Für weitere Abwechslung könnten Schalensitze mit integrierten Strom- und Netzwerkanschlüssen sorgen. Abgerundet wird der moderne Arbeitsplatz durch höhenverstellbare Pulte. So bleiben Körper und Geist fit, die Arbeitsqualität steigt.

132 Modernste Arbeitsplatzgestaltung: Konsequente Reduzierung des Büromobiliars durch Abbau von fixen Aktenschränken zugunsten von kleinen mobilen Aktenschränken mit durchgehender Rollladenabdeckung, die wie Trolleys (Koffer) sehr flexibel an jeden Tagungs- oder Arbeitsort gezogen werden können.

133 Firmen, die neben der Arbeitszeit auch Anlässe für die Mitarbeiter organisieren, sind attraktiver als andere.

---

11 Kraftnickerchen, Energieschlaf oder auch Superschlaf, der nach Meinung von Schlafforschern zwischen 10 und 30 Minuten dauern sollte.

134 Bewerbermagnete messen ihre Top-Kandidaten nicht mehr an ihrer physischen Anwesenheit im Unternehmen, sondern an deren Arbeitsergebnissen. Diese neue Maxime impliziert, dass klare Ziele definiert werden. Anwesenheitspflicht und Schreibtischzwang waren gestern. High-Potentials können sich ihre Arbeit selbst einteilen, arbeiten dann, wenn sie sich am fittesten fühlen und erledigen Arbeiten von beispielsweise neun Stunden dann in nur fünf.

135 Wichtiger als man denkt: eine Spitzen-Kaffeemaschine. Jeden Tag trinken die Mitarbeiter literweise Kaffee. Jeden Tag sollen sie sich über den Kaffee freuen. Ein nicht zu verachtender informeller Faktor, der schon beim Bewerbungsgespräch Eindruck schinden kann! ☺

136 Effizienzgarantie: Nichts nervt TOP-Leute so wie uneffektive Meetings oder Teamarbeit, die durch schlechte Strukturen ineffizient ist. Bieten Sie methodische Unterstützung in Form von Moderation und Effizienzüberwachung. So werden schnell Fortschritte erzielt, was zu einer hohen Zufriedenheit bei den High-Potentials führt!

137 Frühstücks- und Obstservice für Mitarbeiter im Unternehmen: Gegen einen geringen Kostenbeitrag oder auch kostenlos wird im Unternehmen ein Frühstück angeboten, Obst / Müsli / Kaffee usw. inklusive. Der Service wird durch einen externen Caterer angeboten. In welcher Frequenz dies angeboten wird, soll an dieser Stelle offenbleiben: Frische Äpfel, Karotten oder sonstige Rohkost stehen zentral bereit! Die Speisen dürfen gerne an den Arbeitsplatz mitgenommen werden.

138 Interne Think Tanks auf freiwilliger Basis: Zu Themen wie – Innovation – Kreativität – Prozessoptimierung – Schaffung einer Betreuungsperson, die Verbesserungsvorschläge erkennt, bewertet und vorschlägt. Dadurch sind optimale Bedingungen für Unternehmen und Angestellte gewährleistet.

139 Jährlicher Firmenausflug aller Mitarbeiter oder einzelner Abteilungen bei größeren Firmen.

140 Ich will genau wissen, welcher Kollege gerade an was arbeitet und welche Vision er hat. Die Firma stellt hierfür die Softwaretools / Netzwerk bereit.

141 Kunst am Arbeitsplatz – immer wieder verschiedene Kunstwerke – Bilder und Skulpturen verschiedener Künstler werden am Arbeitsplatz temporär installiert (evtl. mit Vernissagen).

142 Keine Büroräume grau in grau: ein Stimmungstief bei sensibleren Naturen wäre sonst fast garantiert! Unverständlich ist mir ohnehin, weswegen Büromöbel so eintönig und phantasielos sind. Gerade Großraumbüros sind sehr trist. Da kann Arbeiten doch gar keine rechte Freude bereiten. Engagiert werden könnten hier mal ein paar junge DesignerInnen oder auch Designstudenten, die Unternehmen etwas „pimpen". Für mich ist neben Pflanzen eine Büroeinrichtung aus Holz unabdingbar: *www.Link03.Bewerbermagnet.com, www.Link04.Bewerbermagnet.com.* Umweltfreundlich, gut zu recyceln und es lebt bzw. strahlt „Wärme" aus.

In einem Büro sollte es auch entspannende Elemente geben, z. B. einen Wasserbrunnen, leises Windspiel, Massageeinheit in den Wänden, ergonomische Stühle, optional Hausschuhe am Schreibtisch … MitarbeiterInnen sollen in Unternehmen bei Einstellung und dann wenigstens einmal jährlich innovieren[12] können, was sie für ihren Arbeitsplatz sich wünschen, um bestmöglich arbeiten zu können. Sofern die Wünsche nicht auf Kosten anderer gehen und finanziell tragbar sind, sollten alle auch noch so skurril anmutenden Wünsche erfüllt werden. Und wenn es ein Kaleidoskop ist, mit dem jemand entspannt.

---

12 erneuern, reformieren – der Begriff wird häufig diffus gebraucht. Er bezeichnet die Planung und Umsetzung neuer Ideen und schließt oft die Erwartung ein, dass die Betroffenen mitwirken.

143 … auch mal von zu Hause arbeiten dürfen.

144 Changing Workplace. Bei gutem Wetter will ich draußen arbeiten. Bieten Sie verschiedene, flexible Arbeitsplätze an, die auch mehrmals am Tag gewechselt werden können! Mal im Stehen arbeiten, mal im Sitzen, mal auf dem Boden, wenn es besonders kreativ sein muss!

145 Ein regelmäßiges Get Together mit den Kollegen, um im Gespräch zu bleiben, sich besser zu verstehen oder um sich kennenzulernen.

146 Es gibt Bio-Essen in der Kantine.

147 Innovative Firmenausflüge und Weiterbildungstage: Für Top-Leute muss auch bei Firmen-Events für gute Unterhaltung und ungewöhnliche Angebote gesorgt werden. Grillen ist out, Paintball ist in ☺

148 Eine Bibliothek der modernsten Art, in der Mitarbeiter, aber auch Studenten und Schüler (früher Kontakt zu Top-Talenten!) kostenlos Bücher und andere Medien ausleihen können, z. B. *www.Link05.Bewerbermagnet.com*

149 Klimatisierte Räume für entspanntes Arbeiten, wenn andere schwitzen – natürlich CO_2-neutral, denn die Klimaanlage wird mit Solarzellen auf dem Dach des Firmengebäudes betrieben.

150 An die Geburtstage aller Mitarbeiter/Kollegen/Chefs denken, gratulieren, Kaffee und Kuchen mitbringen – meinetwegen kann ja die Dauer der Feier begrenzt werden; auf der Facebook-Fanpage sind dann die Bilder der letzten Feten zu sehen – das sorgt für gute Außenwirkung!

151 „Überraschen Sie mich. Immer wieder!", heißt der Imperativ an meine neue Firma. „Arbeitgeber" stimmt ja nicht, denn die Arbeit gibt der Kunde.

152 Vermittler bei Problemen zwischen Kollegen bereitstellen.

153 Super wäre die Möglichkeit, dass Mitarbeiter während der Mittagspause gemeinsam kochen können. Dies fördert die Kommunikation, negative Schwingungen werden abgebaut und die Kreativität am Arbeitsplatz wird gefördert. Besonders in der Arbeit sollte das Thema Mittagspause und Essensaufnahme nicht ausgeblendet werden.

Selbstverwirklichung

Nutzung der eigenen Stärken, Erfolgserlebnisse, Wahrnehmbarkeit der eigenen Resultate, herausfordernde Ziele, Chancen zur Leistungserbringung

154 Mitarbeiter bekommen Freiräume, Vertrauen, sinnvolle Arbeit, Transparenz und Perspektiven.

155 Toll wäre, sich seinen Job selbst zusammenzustellen. Also ungefähr so: x% Homeoffice, x% Reisen, x% Teamarbeit, x% Einzelarbeit, x% Kundenkontakt, x% wer-weiss-was – und die Firma macht dann aufgrund dieser Angaben einen Vorschlag.

156 Publizieren von starken individuellen Leistungen. Neben Geld ist auch Ruhm ein wichtiger Anreiz für Top-Leute. Deren Arbeit muss entsprechend präsentiert und vermarktet werden, damit die Welt auch sieht, wer die Leistung erbracht hat.

157 Spinnen dürfen! High-Potentials haben ungewöhnliche Visionen. Das Unternehmen muss eine Plattform und Ressourcen bereitstellen, um ungewöhnliche Denkweisen zu fördern. Es darf einfach keine gedanklichen Grenzen geben. Alles ist möglich und dir wird das Beste und die Besten geboten, um deine Ideen umzusetzen!

158 Das Unternehmen sollte, wie bei der Firma 3M üblich, den Mitarbeitern ca. 10% ihrer Arbeitszeit freistellen für
- kreatives Nachdenken
- Suche nach neuen Produkten
- Verbesserung der derzeitigen Strukturen

- Verbesserung der derzeitigen Abläufe –und dies möglichst in Teamarbeit mit den Kollegen und anderen Mitarbeitern, möglichst abteilungs- und werksübergreifend!

159 Ein Unternehmen, in dem sich kreative und engagierte Mitarbeiter während einer „Probezeit" selbst danach umschauen, wo sie einen sinnvollen und wertsteigernden Beitrag für das Unternehmen leisten können und sich so selbst ihre Stelle schaffen (Job-Sculpting). Recruiting und Personaleinstellung werden dadurch zu einem Innovationsmotor. Denn die neuen Mitarbeiter schauen mit unverstelltem Blick auf die Organisation und entdecken Dinge, die veränderungs- oder verbesserungswürdig sind.

160 Top-Unternehmen setzen Top-Kandidaten so im Unternehmen ein, dass diese ihr volles Potenzial leben und ihre Talente einbringen können. Bewerbermagnete haben ein Führungsbewusstsein, in dem Talente gestärkt, anstatt Schwächen ausgemerzt werden. Wenn jeder Mitarbeiter weiß, was er wirklich will und dieses auch im Unternehmen umsetzen kann, wird Effizienz zur Selbstverständlichkeit. Hier will man arbeiten.

161 Die anfallende Arbeit wird nicht nach Stellenbeschreibung zugewiesen, sondern nach persönlichen Stärken und Vorlieben aller Kollegen im Team verteilt. So macht jeder nicht nur die Dinge, die er perfekt kann, sondern auch nur die, die er gerne tut.

162 Lassen Sie Persönlichkeiten zu. Gehen Sie auf die Ecken und Kanten der Mitarbeiter ein und fördern Sie „Typen". Nur Typen sind einzigartig.

163 Jeder Mitarbeiter darf einen Tag pro Woche arbeiten, woran er will. Dies muss er natürlich nicht alleine tun, sondern kann auch Kollegen für „sein" Projekt begeistern oder in einem anderen Projektteam mitarbeiten.

„Ich sehe Menschen, die Ideen umsetzen. Es sind nur wenige, aber sie sind sehr, sehr erfolgreich!"

164 Leistung sollte gefördert werden. Leistung muss belohnt werden. Leistung muss zugelassen werden. Auch wenn immer mehr Unternehmen zu viel Leistung von ihren Mitarbeitern verlangen, ist es doch so, dass viele Arbeiten sinnlos sind. Nur wenn Leistung auf schnelle Entscheidungen, sinnvolle Aufgaben und positive Anreize trifft, bringen Menschen Leistung gerne.

165 • eine sinnvolle, interessante Arbeit, die sichtbar zum Ergebnis beiträgt
   • Experimente ermöglichen, also neue Wege der Durchführung der Arbeit ausprobieren dürfen
   • ab und zu Sonderaufgaben übertragen bekommen

166 Als Arbeitgeber müssen Sie die folgenden – meist nicht direkt gestellten – Fragen potenzieller Bewerber aus Bewerbersicht beantworten können:
   1. Kann ich meine Fähigkeiten ausbauen und persönlich wachsen, oder habe ich bereits mit der ausgeschriebenen Position das Maximum erreicht?
   2. Ticken die Kollegen und Chefs wie ich oder müsste ich mich verstellen?
   3. Kann ich meine Ideen einbringen und eigenverantwortlich arbeiten?
   4. Fühle ich mich wohl und habe Spaß bei der Arbeit?
   5. Wie sieht die Work-Life-Balance aus?
   6. Welche Türen öffnet mir der Job, wenn ich später wechseln würde?

167 Nach vorgegebenen Kriterien beurteilt sich jeder Mitarbeiter einmal pro Monat selbst und nimmt so Einfluss auf seinen „Kurs". Das Ganze ist mit einem Aktienkurs vergleichbar. Die Software, die hilft, das Konzept umzusetzen, heißt MAX (Mitarbeiter-Aktien-Index) und wird von über 100 innovativen Unternehmen aus unterschiedlichen Branchen eingesetzt. Erfunden wurde der Mitarbeiter-Aktien-Index von Klaus Kobjoll vom Hotel Schindlerhof in Nürnberg. Ich habe immer mal wieder darüber gelesen und würde gerne in einer Firma arbeiten, die derart transparent, offen, ehrlich und fair mit Mitarbeitern umgeht. Fair heißt dann natürlich auch, dass faule Mitarbeiter freiwillig schnell das Weite suchen werden.

168 Es gibt im Unternehmen nachvollziehbare Kennzahlen und Kriterien als Erfolgsmaßstab, damit jeder seinen Leistungsstand beurteilen kann; mir ist sehr wichtig, dass ich jedes Jahr besser werde.

169 Ich habe in der Firma ein emotionales „zu Hause". Dem „Sachtyp" wird nicht unterstellt, dass er nichts arbeitet, wenn er im Denkprozess ist, dem Beziehungstyp wird erlaubt, sich im Arbeitsprozess weiter zu entwickeln, der Handlungstyp kriegt „freie Bahn", um zielgerecht arbeiten zu können.

170 Ich will Höchstleistung in einem Spitzenteam bringen und Teamarbeit erleben; mich interessiert die Champions League, keine Kreisklasse; zeigt mir nachvollziehbar, dass ich bei euch richtig bin!

171 Titel und Ehrungen. Top-Leute brauchen auch Top-Titel. Wenn sie diese noch nicht haben, dann sollten Sie ihnen als Top-Firma diese Möglichkeit bieten! Ermöglichen Sie es, nebenbei zu promovieren oder attraktive Zusatzausbildungen zu absolvieren!

172 Ein Bewerbermagnet sorgt dafür, dass die Leistung der einzelnen Mitarbeiter sichtbar wird; jeder Mitarbeiter sieht seinen Beitrag und den der anderen.

versuchen sie es zwischendurch mal selbst mit ausdenken, bedenken, denken, durchdenken, ~~elite denken~~, erdenken, erfolgsdenken, fortdenken, ~~freund-feind-denken~~, herdenken, hindenken, hineindenken, klardenken, ~~konsumdenken~~, ~~kontrolldenken~~, ~~leistungsdenken~~, linksdenken, lösungsdenken, mitdenken, ~~nachdenken~~, nutzendenken, ~~prestigedenken~~, querdenken, rechtsdenken, schrägdenken, ~~schubladen denken~~, ~~statusdenken~~, überdenken, umdenken, vorausdenken, vordenken, wegdenken, weiterdenken, ~~wohlstandsdenken~~, wunschdenken, zukunftsdenken, ~~zurückdenken~~!

Persönliche Entwicklung, Bildung

Weiterbildung, Karriereentwicklung, Coaching

173 Die Firma fordert und fördert; sie kümmert sich AKTIV um die persönliche Entwicklung der Mitarbeiter, die Beweise werden auf der Website kommuniziert (x Mitarbeiter haben berufsbegleitend studiert, zusätzliche Ausbildungen und/oder Abschlüsse gemacht, halten öffentliche Vorträge, haben ein Buch geschrieben, haben sich selbstständig gemacht usw.); die Firma ist einfach ein Hort von Aktivität und Entwicklung und zieht so Bewerber an, die sich und andere bewegen wollen.

174 Für potenzielle Bewerber aus dem Ausland werden Sprachkurse angeboten, die für eine erste Bindung sorgen.

175 Bieten Sie Zugang zu gutem Wissen. Top-Leute wollen auch auf die Top-Wissensquellen dieser Welt Zugriff haben. Die Firmen müssen entsprechende Kooperationen mit der Wissenschaft oder zu Bibliotheken eingehen.

176 Interessant finde ich Unternehmen, die mit anderen Unternehmen kooperieren und sich z. B. auch mal Mitarbeiter ausleihen, sofern diese dafür offen sind. Die Mitarbeiter sollen hier keine Betriebsspionage betreiben, sondern einfach die jeweiligen Vorteile anderer Unternehmen aufgreifen und im eigenen Unternehmen umsetzen, egal, um was es sich handelt, seien es Arbeitsabläufe, eine faire Kommunikation oder Marketingmaßnahmen… Die Unternehmen bestimmen selbst, welchen anderen Unternehmen sie in welchen Bereichen Einblick gewähren. Als Außenstehender sieht man selbst manches, was Interne wegen einer möglichen Betriebsblindheit nicht auf Anhieb selbst sehen können. Sprich, die ausgeliehenen Mitarbeiter können am Ende ihrer Zeit dem Partnerunternehmen eine wertvolle Rückmeldung

geben, was sie gut oder für verbesserungswürdig erachten. Das hilft den beteiligten Unternehmen, durch Benchmarking neue Erkenntnisse zu gewinnen. Die Mitarbeiter bekommen neue Impulse und als „Botschafter des Unternehmens" mehr Verantwortung, was deren Selbstvertrauen stärkt. Die Maßnahme hilft, zusätzlich neue Führungskräfte unter den eigenen Mitarbeitern zu finden.

177 Mentor als Coach und Ansprechpartner: Ich fände es sehr gut, wenn das einstellende Unternehmen dem neuen Mitarbeiter einen Mentor / Coach für einen Zeitraum von 3 bis 6 Monaten zur Seite stellt. Im Idealfall hat der zukünftige Mentor den Bewerbungsprozess begleitet. Die „Chemie" zwischen Mentor und neuem Mitarbeiter muss stimmen, Sympathie muss ebenfalls vorhanden sein. Die Mentorentätigkeit darf nicht als Kontrollfunktion missbraucht werden. Das Coaching durch den Mentor darf gerne auch die Wohnungssuche, das Kennenlernen der Stadt etc. beinhalten. Das Mentorensystem soll im Unternehmen gelebt und geachtet werden.

178 Erfolgreiche Sportler, Trainer, Extremsportler, Querdenker, Helden im Alltag, Künstler, Autoren, Mutmacher, also unterschiedlichste, interessante und ungewöhnliche Menschen gehen in der Firma ein und aus, halten Vorträge und coachen die Mitarbeiter.

179 Echte Kommunikation. Der Tod für jeden engagierten, vor Energie strotzenden Top-Bewerber sind starre Strukturen, in denen er nichts bewegen kann. Top-Leuten muss von Anfang an eine Gestaltungsmöglichkeit, Verantwortung und Dynamik geboten werden.

180 Mit ungewöhnlichen Leuten arbeiten. Bieten Sie Top-Leuten immer neue Impulse in Form von ungewöhnlichen Mitarbeitern auf Zeit: Schüler, Rentner, Leute aus ganz anderen Schichten. Das erweitert den Horizont und das Denken!

1 Aktivieren Sie Ihren wichtigsten Muskel

2 Setzen Sie die Ideen kraftvoll um

3 Und Ihre Pläne kriegen Flügel

181 Eine Auflistung der Hard- und Soft-Skills, die im Unternehmen gelernt werden können, wäre sicherlich interessant – auch mit Infos, welche Trainer oder Mentoren beteiligt sind.

182 Schnelle und transparente Aufstiegschancen! Es muss von Anfang an klar sein, wo es bei guter Leistung hingehen kann.

183 Wenn das Unternehmen eine qualitativ hochwertige Ausbildung bietet, will bestimmt jeder hin.

184 Unterstützung durch den Arbeitgeber in Bezug auf Weiterbildung. Der Arbeitgeber sollte grundsätzlich immer daran interessiert sein, dass sich seine Mitarbeiter fortbilden. Ein Unternehmen, das jedem Mitarbeiter am Beginn des Jahres zwei Fortbildungen zu gemeinsam vereinbarten Themen ermöglicht, ist sehr interessant.

185 Um mich weiterzuentwickeln, habe ich die Möglichkeit, an definierten Qualifikationsmaßnahmen teilzunehmen; wenn Maßnahmen erfolgreich abgeschlossen wurden, kann ich anspruchsvollere Aufgaben übernehmen.

186 Top-Arbeitgeber ermöglichen Jobrotation innerhalb eines Unternehmens, so dass man mehrere Bereiche kennenlernen kann.

187 Weiterbildungskurse werden für alle Mitarbeiter angeboten – und somit Aufstiegschancen für ALLE – auch für Reinigungsfrauen, wenn sie zur Weiterbildung bereit sind.

188 Ein Fitnesscoach steht in der Firma stundenweise zur Verfügung.

189 Eine innovative Firma, die viele Bewerber anziehen will, sollte unbedingt ein erstklassiges Ausbildungssystem für Berufsanfänger bieten, das stets auf dem neuesten Stand ist. Eine solche Ausbildungsstätte genießt einen guten Ruf und wird dementsprechend auch oft in den Medien wirksam promoted.

190 Attraktive Zukunftsaussichten. Top-Leute wollen oft selbst gründen. Bieten Sie ihnen als Firma trotzdem die Chance, ein Netzwerk und Kompetenzen aufzubauen und bieten Sie ein Gründerprogramm. Die ausgegründete Firma kann später sehr gut mit der Ursprungsfirma kooperieren, so sind die Kompetenzen nicht umsonst aufgebaut!

191 Kulturprogramme: Interessant ist, verschiedene Kulturen zu erleben und von ihnen zu profitieren. Locken Sie internationale Top-Leute, damit auch nationale kommen! Intern können Austauschabende organisiert werden, so dass eine Multikulti-Kultur gelebt wird.

192 Es gibt im Unternehmen ein Programm für eine Auszeit der Mitarbeiter in sozialen Projekten; die Firma organisiert für 3 Monate die Mitarbeit in einem Entwicklungshilfeprojekt im Ausland oder analog natürlich auch Projekte im Umfeld des Firmenstandorts.

193 Attraktives Seminarangebot. Bieten Sie Top-Leuten attraktive Weiterbildungsmöglichkeiten in Form von Workshops und Seminaren. Auch mit Themen, die nichts mit der täglichen Arbeit zu tun haben. Musikunterricht, Sportkurse etc.

194 Ein Team der besten Experten und Trainer coacht die Mitarbeiter individuell und permanent zu Spitzenleistungen; auch die Chefs sind nicht VORgesetzte, sondern Coachs.

195 Ein Weiterbildungsplan: Schon bei der Einstellung will ich wissen, wie ich mich persönlich weiterentwickeln kann. Also könnte ein langfristig angelegter Plan erstellt werden, wann ich wo welche Weiterbildung bekomme!

196 Internship bei internationalen Partnern. Als Angestellter habe ich die Möglichkeit, bei Partnerfirmen im Ausland für kurze Zeit zu arbeiten und zu lernen!

197 Bewerbermagnete bieten ihren Führungskräften die Möglichkeit, sich auf eine ungewöhnliche Art zu entwickeln. Unter dem Stichwort „Seitenwechsel" tauschen die Teilnehmer für eine Woche ihre „Welt der Macht und des Wohlstandes" gegen die Realität einer Drogenberatung, eines Behindertenheimes oder einer Obdachlosenbetreuung. Das erweitert den individuellen Horizont und zementiert die Bodenhaftung.

198 Hochinteressant sind Auslandsaufenthalte. Für kurze Zeit im Ausland arbeiten, Austauschprogramme mit anderen Firmen beispielsweise.

199 Lachen ist sehr gesund und fördert die Motivation. Freundliche und humorvolle Mitarbeiter sind nachweislich motivierter und gesünder; das Unternehmen hat den Erfolgsfaktor „Humor und Lachen" fest verankert; individuelles Lach- und Humortraining ist für Manager und Mitarbeiter selbstverständlich.

Mitsprache, Mitbestimmung, Mitgestaltung

Entscheidungsfreiheit, Verantwortungsspielraum, Ideenmanagement, gefragt werden

200 Im Unternehmen ist eine neue Art von Ideenmanagement implementiert. Alle Ideen sind allen Mitarbeitern im Intranet zugänglich; es entscheiden nicht Einzelne über die Umsetzung der Ideen – wie sonst im betrieblichen Vorschlagswesen üblich – sondern alle Mitarbeiter und Kunden durch Voting; jeder Ideengeber, dessen Idee die erste Hürde nimmt, kann seine Idee dann dem Entscheidergremium persönlich vorstellen.

201 Jeder Mitarbeiter in der Firma kann bestimmen, wohin die Firma „seinen" Spendenanteil überweist; so kommt der jeweilige Mitarbeiter zu „Ruhm und Ehre" in seinem Verein, Verband oder der Organisation, in der er sich vielleicht auch privat engagiert. Das führt im Umfeld der Mitarbeiter zu Bewerbern, die auch in einer so tollen Firma arbeiten wollen. Die Mitarbeiter kennen dann in der Regel die Bewerber und können beurteilen, ob die ins Team passen.

202 Die Organisationsabläufe werden regelmäßig im Team besprochen und jeder kann seine Vorschläge einbringen und sein direktes Arbeitsumfeld mitgestalten.

203 Gefragt ist endlich mal eine Firma, die die Ideen der Mitarbeiter ernst nimmt und würdigt.

204 Die Hierarchie ist flach zu halten und jeder hat die Möglichkeit, Ideen einzubringen, unabhängig von seinem Status und seiner Position.

Was macht Personalmarketing erfolgreich?

Sie werden es sehen.
Jetzt kostenlos registrieren: www.Bewerbermagnet.com

205 Ganz wichtig bei der Wahl des Arbeitgebers ist, wie dieser mit den Menschen hinter den Mitarbeitern umgeht, auch dahingehend, ob er eigenes Denken und eigene Ideen fordert und fördert. Jede Firma wird allzu verrückte Ideen von neuen Mitarbeitern einbremsen und verkennen, dass neue Ideen und Sichtweisen es oft ermöglichen, neue Wege zu gehen. Entscheidend ist, dass es eine entsprechende Kultur in der Firma gibt, sich mit neuen Ideen und Gedanken auseinanderzusetzen, indem diese

1. angehört
2. diskutiert / bewertet und ggf.
3. auch umgesetzt werden und vor allem
4. honoriert werden

Je nach Bereich kann dies als Verbesserungsprozessmanagement, als Ideenmanagement, als Kreativitätsmanagement oder Summe bzw. Kombination daraus ausgeführt sein. Als eine zentrale Stelle im Unternehmen oder / und als Prozess in jeder Abteilung / jedem Team. Gerade bei Letzterem ist es ausschlaggebend, dass die Führungskräfte entsprechend geschult und angewiesen sind, diesen Prozess aktiv mit zu begleiten und nicht zu unterdrücken. Für Bewerber macht das die Firma in meinen Augen deutlich interessanter, da eigenes Engagement gewürdigt wird und man die Zukunft der Firma in gewisser Weise aktiv mitgestalten kann.

206 Ein bestimmter Betrag des Unternehmensgewinns wird in soziale oder Umweltschutzprojekte gespendet. Die MitarbeiterInnen eines Unternehmens schlagen Projekte vor, diskutieren diese und gemeinschaftlich wird entschieden, wohin das Geld fließen soll. MitarbeiterInnen können in den Projekten auch (ehrenamtlich) mitarbeiten.

207 Zukunftstage-Veranstaltungen abhalten. Unter „Future Days" sind Tagungen der gesamten Belegschaft zu verstehen, auf denen jeder Mitarbeiter selbstständig seine Ideen präsentieren kann und die zukünftige Unternehmensentwicklung von allen diskutiert wird.

208 Monatlicher Ideenwettbewerb innerhalb des Unternehmens. Jeder Mitarbeiter kann mitmachen. Von der Putzfrau über den Hilfsarbeiter bis zum Geschäftsführer.

209 Jeder neue Mitarbeiter hat direkt eine Möglichkeit, etwas an der Firma zu ändern. Sei es durch eine neue Pflanze ... ein neues Bild etc. – das signalisiert die Offenheit gegenüber neuen Leuten und Ideen!

210 Die Mitarbeiter dürfen mitreden, wenn es um wesentliche Firmenentscheidungen geht.

211 Die Möglichkeit, selber ein Team zusammenzustellen. Top-Leute kennen oft Top-Leute ☺ daher sollten sie die Möglichkeit bekommen, sich selbst ein Team zusammenzustellen.

212 Die Manager bestimmen ihr Gehalt, ihren Bonus und sonstige Sonderleistungen selbst – ALLE Mitarbeiter, die unter der Führung des jeweiligen Managers sind, müssen dem Gehalt und dem Bonus der Führungskraft mit einer 75%-Mehrheit zustimmen – den ersten Teil gibt's ja schon, der zweite Teil bringt die faire Komponente ☺

213 Vetorecht! Mitarbeiter haben einmal im Jahr ein Vetorecht. Dieses können sie einsetzen, um sich gegen ein neues Projekt zu entscheiden, gegen die Zusammenarbeit mit bestimmten Kollegen, gegen eine Versetzung. Das Vetorecht besitzt einen hohen Stellenwert und wird von der Geschäftsleitung akzeptiert und respektiert.

214 Die Möglichkeit, die eigene Führungskraft mitzubestimmen. Das Team wählt beispielsweise den Teamleiter.

Führungskräfte, Führungsstil, Menschenbild

Feedback (Kritik, Lob, Anerkennung), Menschenbild, Führungsstil, Umgang mit Fehlern, Risikofreude, Respekt, Wertschätzung, Vertrauen

215 Führungsqualität – Firmen, die Manager haben, die wertschätzend mit ihren Mitarbeitern umgehen, sie bei der persönlichen Weiterentwicklung unterstützen, die eine positive Fehlerkultur fördern (Fehler sind erlaubt und werden nicht vertuscht. Motto: „Wir lernen gemeinsam daraus!"), erzeugen gute Stimmung, und gute Stimmung erzeugt Mundpropaganda.

216 Top-Unternehmen haben einen integren, wahrhaftigen und authentischen Führungsstil, der keine Ausreden, Rechtfertigungen oder Entschuldigungen zulässt. Führungskräfte stehen zu dem, was sie tun oder getan haben. Die persönliche Haltung im Umgang mit Fehlentscheidungen schafft Raum für Lösungen und zieht Top-Kandidaten an, die diesem Ideal nacheifern wollen.

217 Fehler zulassen und fördern. Top-Leute sind oft mutige Menschen, die etwas riskieren. Schaffen Sie unter den Bewerbern den Ruf, dass in Ihrer Firma Neues ausprobiert werden darf! Fehler sind erwünscht – wer Fehler macht, lernt und macht Fortschritte. Das wird wagemutige Macher anlocken!

218 Für die Führung von Fahrzeugen, Schiffen und Flugzeugen braucht man einen Führerschein; bei der Führung von Menschen gibt es keine Mindestanforderungen. Es gibt jede Menge Fachspezialisten, aber keine „Menschenspezialisten". Bei einem Bewerbermagnet hingegen ist es umgekehrt. Führungskräfte werden wie Piloten ausgebildet und deren Qualifikation wird regelmäßig überwacht. Es gilt die Regel: Wer wenig Ahnung von Menschen hat, darf keine Menschen führen.

Die besten Ideen sind (Ei)nfach®

Denken Sie an das Ei des Kolumbus. Mehr dazu auf Seite 271.

219 Das Wichtigste, das ein Unternehmen einem Bewerber/Angestellten ent-
gegenbringen kann, ist die spürbare WERTSCHÄTZUNG seiner Person.
Kein noch so hohes Gehalt ist motivierender! Das Bewusstsein, von seinem
Arbeitgeber respektiert zu werden, in seiner Position gebraucht zu werden,
schafft ein Höchstmaß an Arbeitsfreude und Einsatz.

220 Wertschätzung und Dank an den richtigen Stellen. Es muss bekannt werden, dass im Unternehmen eine hohe Respekts- und Anerkennungskultur
herrscht. Für gute Arbeit wird man gelobt und gefeiert!

221 Unternehmen mit Transparenz und Selbstorganisation als effiziente Form
der Entscheidungskultur. Keine überflüssigen Hierarchien, Autoritätsstruk-
turen und Kontrollen. Aber Datentransparenz, kurze Wege, Entscheidungs-
befugnisse, Möglichkeiten zum Experimentieren. Das Unternehmen nutzt
die Intelligenz der Vielen (geteiltes Wissen, offene Zusammenarbeit).

222 Mitarbeiter kommen zu Firmen und sie gehen wegen Vorgesetzten. Sie
müssen alles dafür tun, dass Sie in Ihrem Unternehmen keine VORgesetzten haben, sondern Leader und Coachs, die Ihr Team zu Spitzenleistungen
führen. Das klingt etwas abstrakt. Es ist aber mehr als eine Binsenweisheit.
Kaum ein Unternehmen schafft hier eine Lösung, die auch noch für die Bewerber nachvollziehbar kommuniziert wird. Sorgen Sie also dafür, dass Sie
Coachs statt VORgesetzte haben und lassen Sie es alle Welt wissen.

223 Alle Aufgaben werden inklusive dem nötigen Handlungsspielraum dele-
giert; hört sich selbstverständlich an, ist es aber nicht.

224 Vertrauen statt Misstrauen, Offenheit, Transparenz, Freiraum statt Kontrolle, Teams statt Ab-Teilungen, die Mitarbeiter werden zu Top-Leistun-
gen gecoacht (untereinander und durch die Leader) ...

225 Ein super Betrieb sagt von vorneherein, dass er in einem Intervall Mitarbeitergespräche führt, wo die Mitarbeiterzufriedenheit gemessen wird und auf Wünsche der Mitarbeiter eingegangen werden kann. D. h., ein super Betrieb schätzt seine Mitarbeiter und nimmt sich Zeit für diese.

226 Top-Unternehmen setzen auf Vertrauensbildung. Dieses Vertrauen bedeutet gleichzeitig Transparenz. Bewerbermagnete sind offen und informieren ihre Mitarbeiter rechtzeitig. Sie beziehen sie frühzeitig in wichtige Entscheidungen mit ein und nutzen so noch den großen Sachverstand und die intime Kenntnis informeller Strukturen. Hier wollen High-Potentials arbeiten.

227 Die Vorgesetzen zählen zu den Besten, die es in der Branche gibt. Fachlich, menschlich und in puncto Führungskompetenz. Ich habe es oft genug erlebt: Erstklassige Manager stellen erstklassige Mitarbeiter ein; zweitklassige Manager nur drittklassige Mitarbeiter. Ich achte daher darauf, das die Führungscrew top ist, dann passt (meist) auch der Rest.

228 In Stellenausschreibungen ist häufig zu lesen, dass bei vergleichbarer Qualifizierung behinderte Menschen bevorzugt eingestellt werden. Damit diese Haltung nicht nur ein wohlwollendes Lippenbekenntnis bleibt, sollten künftige Führungskräfte mit Personalverantwortung Berührungsängste und Unsicherheit im Umgang mit Behinderten in speziellen Seminaren abbauen können. Das komplettiert eine Persönlichkeit beruflich wie privat. Hospitationen in Einrichtungen der Lebenshilfe beispielsweise könnten einen Eindruck von dieser für viele fremden Lebenswelt eröffnen.

229 Stars ziehen Stars an. Talente ziehen Talente an. Mittelmaß zieht Mittelmaß an. Das ist überall so: Orchester, Theater, Regisseur, Fußballverein, Organisation, Firma. Zeig' mir, wer mein Chef (Trainer, Regisseur, Dirigent ...) und meine Kollegen sind und ich sage dir, ob ich dort arbeiten will.

230 Ich habe einen Einfluss auf die ART und Zuteilung der Arbeit und kann auch darüber entscheiden, WIE ich die Arbeit ausführen möchte.

231 Heutzutage hat derjenige auch einen Wettbewerbsvorteil, der einen „lobenden" Führungsstil nachweisen kann, d.h., wenn ein Unternehmen bekannt ist für so einen Führungsstil, hat es ein positives Image. Die Mitarbeiter sollten für Ihre Leistungserfüllung oder Übererfüllung gelobt werden, sobald diese anfällt, auf keinen Fall erst bei der Weihnachtsfeier. Kritik äußern, wenn berechtigt, sollte nicht mahnend und vor Kollegen erfolgen, sondern als Gespräch unter vier Augen. Man sollte über eventuelle Auswirkungen des Fehlers sprechen, warum es ein Fehler war und wie er künftig vermieden werden kann. Auf keinen Fall mit Strafe oder Ähnlichem drohen, da fühlt man sich unterdrückt. Wenn natürlich das Verhalten mehrmals danebengeht, direkt Konsequenzen ziehen, so dass dies gespürt wird als direkte Reaktion. Und wenn mal nicht gelobt wird, wird sich der Kollege schon denken können, dass er wohl das nächste Mal besser sein muss.

232 Partnerschaftliche Führung, in der es keine abwertenden Kommentare gibt, wo es keine unterschwelligen Vorwürfe gibt, sondern bei der Probleme offen angesprochen werden und konstruktiv gemeinsam gelöst werden.

233 Es müsste so was wie die „staatlich geprüfte Führungskraft" geben, denn jeder lernt jahrelang Grund- und Fachwissen, aber so gut wie überhaupt nicht, wie man mit Menschen umgeht; gerade die Chefs sollten nicht (nur) Fachspezialisten, sondern in erster Linie „Menschenspezialisten" sein.

234 Der Fisch stinkt vom Kopf her. Wenn der/die Firmenlenker oder der/die direkte(n) Vorgesetzte(n) Despoten, Diktatoren, Narzissten, Egozentriker, Bösewichte, Machtmenschen, Unterdrücker, Blutsauger oder Wüstlinge sind, mache ich einen großen Bogen um den Laden. Wenn es sich nicht ermitteln lässt, wie der/die Chef/s ticken, ist größte Vorsicht angesagt.

235 Bewerbermagnete glänzen durch eine sehr präsente Geschäftsleitung mit offenen Türen und einem direkten Draht. Geschäftsführer, die auch in der Mittagszeit in der Kantine speisen und somit bewusst Nähe zur Belegschaft schaffen.

236 Arbeitnehmer sind von vielen kleinen Nettigkeiten mehr beeindruckt und dankbarer als z. B. für eine große Einmalzahlung, die meistens auch noch ohne große Worte einfach auf das Konto überwiesen wird. Das wird von vielen Mitarbeitern schnell als selbstverständlich angesehen. Ein persönliches Händeschütteln mit dem Überreichen einer Karte / Flasche Wein zum Geburtstag / Hochzeitstag / etc. durch den Chef sowie ein Shake hands durch den Chef zu Weihnachten oder eine Genesungskarte, vom Chef unterschrieben, bei Krankheit / Geburt / etc. DAS wird von allen Arbeitnehmern die volle Anerkennung finden, darüber werden sie reden, darüber freuen sie sich. Der Chef sollte alle Arbeitnehmer grundsätzlich mit ihrem Namen ansprechen und zu jeder Tageszeit jeden grüßen, der ihm über den Weg läuft, selbst wenn es „nur" die Putzfrau ist.

237 In zweifelhaften Fällen entscheide man sich für das Richtige. Dieses Zitat beschreibt das Dilemma vieler Führungskräfte. Bewerbermagnete lassen daher berufsbegleitend das Soft-Skill „Entscheidungsstärke" schulen. Auf drei Ebenen sollte hier angesetzt werden:
1. Auf die mentale Ebene
2. Auf die Modell- und Konzeptebene
3. Auf die Ebene der Methoden und Techniken

238 Erwisch' jemanden dabei, wie er etwas richtig macht! Außerordentliche Leistungen werden sofort direkt an den Chef gemeldet.

239 Ein Bitte und Danke ist oft mehr wert als jede Gehaltserhöhung. Motivieren Sie Ihre Mitarbeiter mit einer positiven, familiären Firmenkultur.

240 Unternehmen, in denen Führungsarbeit immer wieder neu verteilt wird: Wer für eine bestimmte Aufgabe / Projekt am besten geeignet ist, übernimmt die Führungsrolle (auf Zeit). Mitarbeiter suchen sich selbst ihre Projekte, entwickeln eigenständig Ideen und Produkte. Führung wird neu definiert: Wer führen will, muss Menschen immer wieder neu überzeugen und für sich gewinnen. Führung bedeutet, Mitarbeitern zu ermöglichen, ihr volles Potenzial zu entfalten, Vielfalt zu nutzen und in neue Möglichkeiten zu überführen.

241 Führungskräfte sollten regelmäßig über die Strategien, Visionen und Zielsetzungen des Unternehmens sprechen und welche Rolle der Mitarbeiter bei der Zielerreichung spielt.

242 Sollte selbstverständlich sein, ist es aber nicht: Mitarbeitergespräche, die regelmäßig stattfinden.

243 Parlez![13] Das alte Piratenrecht wird jederzeit auch vom Top-Management gewährt. So kann Unzufriedenheit im Keim erstickt werden!

---

13 Gemäß dem Kodex der Piraten konnte jeder mit dem Ausruf „Parlez!" sein Recht einfordern, die Streitigkeit direkt dem Kapitän vortragen zu dürfen.

Wie kommen Sie **direkt** zum Ziel?

Brechen Sie intelligent die Regeln.
Das ist die richtige Strategie,
um zu gewinnen.

Alternative Honorierungsmodelle

Beteiligung, Ehrgeiz erzeugen und fördern, gerechte Verteilung der Gewinne, nicht monetäre Modelle, Zusatzleistungen abseits von Geld

244 Ein Unternehmen wird heute grundsätzlich attraktiv, wenn es gleiche Löhne für Frauen und Männer zahlt. Auch eine ausgeglichene Mischung in leitenden Positionen wird als maßgeblich empfunden. Verkrustete Strukturen und gestandene, meist männliche Hierarchien bremsen Kreativität und Innovation aus.

245 Ein Unternehmen, das seinen Angestellten einen zinsfreien Kredit anbietet, macht sich auch beliebt.

246 Betriebliche Altersvorsorge, die diesen Namen wirklich verdient – von neutralen Finanzexperten geprüft und zertifiziert. Ich will wissen, dass meine Rente sicher ist und zwar auf einem angemessenen Niveau.

247 Bewerbungs-Trophy nach dem Motto: „The winner takes it all." – mehrere Bewerber machen den Job – ohne Gehalt – über ein paar Wochen parallel. Der, der es am besten macht, bekommt den Job und ein höheres Gehalt als sonst üblich, denn er ist ja auch mit Abstand der Beste.

248 Jeder ist wichtig! Wertschätzung von der Putzfrau bis zum Top-Manager. Dieses Image muss gelebt und „verkauft" werden. Machbar durch ein Punktesystem, in dem jeder gleichberechtigt jeden bepunkten kann! Ist das Büro toll geputzt, gibt es einen Punkt für die Putzfrau, war das Meeting sehr erfolgreich, gibt es Punkte für den Moderator. Punkte können bei Unternehmens-Events eingetauscht werden gegen Produkte oder Gutscheine!

249 Kein Gehalt. Einfach mal umdenken, Top-Denker wollen sich über so etwas profanes wie Geld keine Gedanken machen. Die Firma kommt während einer intensiven Arbeitszeit für alle Kosten auf. Am Ende jeder Projektphase gibt es einen Erfolgsbonus.

250 Bieten Sie dem Mitarbeiter im Gegenzug zu Überstunden z. B. Weiterbildungsmöglichkeiten oder längere Auszeiten an, in denen er eine Ausbildung „genießen" kann.

251 Zum Thema Arbeitsplatzgestaltung / Büro / Schreibtisch – so könnte es doch folgende Lösung geben: Jeder Mitarbeiter bekommt ein Budget (1x jährlich) für seine Arbeitsplatzgestaltung zugestanden, aus einem vom Einkauf (bei größeren Unternehmen) erstellten modularen Katalog kann dann die gewünschte Einrichtung / Ausstattung beschafft werden, so dass Arbeitsplätze individuell gestaltet werden können. So kann sich ein Mitarbeiter mit Rückenproblemen ohne großes Genehmigungsverfahren einen höhenverstellbaren Tisch oder eine spezielle Sitzgelegenheit zulegen. Eine Aufstockung eines Mitarbeiterbudgets für diese Dinge kann auch in Form eines Incentives für besondere Leistungen realisiert werden.

252 Option, Firmenanteile zu erarbeiten: Ein neues attraktives Modell für die individuelle Honorierung wäre die Erarbeitung von Firmenanteilen. Das erfordert klare Bedingungen, aber allein die Option sollte attraktiv sein für TOP-Leute. Man arbeitet immer mehr und lieber, wenn man für sich arbeitet!

253 Bieten Sie Modelle an, in denen die Top-Leute als Freelancer funktionieren. In Zeiten des Patchworkarbeitsplatzes haben viele Menschen mehrere Baustellen, auf denen sie tätig sein wollen. Lehnen Sie diese Bewerber nicht ab, sondern schaffen Sie Modelle, die diese zeitliche Flexibilität ermöglichen!

Notieren Sie die Ideen, die Sie umsetzen wollen, ab der Seite 248.

254 Mitarbeiter wollen regelmäßig Feedback (also nicht nur einmal im Jahr beim Mitarbeitergespräch); Mitarbeiter wollen wissen, wo sie stehen; in der Bewerbermagnetfirma gibt es ein „Wertermittlungssystem" – früher sammelte man in der Schule Fleißbildchen – in dem der Mitarbeiter selbst besonderes Engagement eintragen kann (Fortbildung, Fachbuch gelesen, besonderen Kundenauftrag akquiriert, Ideen abgegeben, Verbesserungsvorschlag gemacht, Kunden begeistert, für das Unternehmen Geld gespart, Überstunden gemacht ... eben alles, was nach einem für die Firma festgelegten Schema messbar ist); das „Fleiß- oder Wert-Konto" des Mitarbeiters kann auch von Kollegen „aufgeladen" werden (z. B. für wertvolle Hilfe bei einem Projekt ...), aber natürlich auch von den Vorgesetzten.

255 Kompletter Premium-Krankenversicherungsschutz, zum Beispiel Zahnersatz, Privatversicherung mit Restauszahlung der Beiträge, Unfallversicherung fest im Jobpaket verankert.

256 Die Firma hat mehrere tolle Oldtimer (Fiat 500, Bentley 4,5 Liter, Rolls-Royce Silver Ghost, 1958er Ford, Porsche 365 Speedster usw.), die sich die Mitarbeiter kostenlos oder günstig ausleihen können.

257 Leihautos für Mitarbeiter, die kein eigenes Auto besitzen.

258 Was Arbeitszeit und Bezahlung betrifft, sind sehr viele Firmen durch Tarifverträge gebunden. Diese haben zwar Vorteile für die Mitarbeiter, engen sie jedoch an mancher Stelle auch ein. Ein großes Argument für eine Firma wäre eine zusätzliche Flexibilität in der Arbeitszeit. Der tarifliche Rahmen mit Wochenarbeitsstunden, Gleitzeit und Urlaubsanspruch kann dabei unberührt bleiben. Darüber hinaus kann es aber betrieblich die Möglichkeit geben, Gleitzeit und Urlaub auf ein Langzeitkonto zu überführen, das jedem Mitarbeiter individuell zur Verfügung steht. So könnte ein Mitarbeiter jedes Jahr ein paar Tage Urlaub oder Gleitzeit auf dieses Konto gutschrei-

ben lassen, um diese an einem späteren Zeitpunkt (nach Absprache) zum normalen Jahresurlaub zusätzlich zu nehmen; bspw. bei der Geburt von Kindern, für außergewöhnlich große Reisen oder Hausbau, ohne dass man dadurch Einschränkungen in der Arbeit hat oder gar kündigen müsste.

259 Die Honorierung sollte in Form von Gratifikationen oder als Punktesystem erfolgen. Das motiviert die Arbeitnehmer und spornt sie zu Höchstleistungen an. Eine weitere Alternative der Honorierung könnten Gutscheine aller Art sein. Eine firmeneigene Zeitung oder ein „Monatsblatt" publiziert die erfolgreichsten Mitarbeiter mit Foto und kurzem Lebenslauf. Das schafft zwar Konkurrenz unter den Mitarbeitern, belebt aber wiederum die Einsatzbereitschaft.

260 Prämien, Auto, Telefon und Zusatzleistungen jeder Art bieten heute viele Unternehmen. Ob dies die richtigen Gründe sind, in einem Unternehmen arbeiten zu wollen, darüber lässt sich trefflich streiten. Stattdessen müssen Sie sich all diese Zusatzleistungen „wegdenken", um zu den wahren Motiven vorzudringen. Nur wenn Sie die Motive bzw. die Motivation der Kandidaten kennen und bedienen können, die sich nicht mit Geld aufrechnen lassen, haben Sie die echten Gründe, warum ein Top-Kandidat für Sie arbeiten will.

261 Es gibt Fortbildungen OHNE Knebelverträge nach dem Motto: wenn du die Fortbildung machst, verpflichtest du dich für 3 Jahre in der Firma zu bleiben oder du musst die Leistung anteilig zurückzahlen.

262 Honorierung gemäß finanziellen Zielen: Arbeiten Sie mit mir zusammen gemäß meinen finanziellen Bedürfnissen ein Gehaltsmodell aus. Einem Familienvater ist ein hohes Fixum wichtiger als einem Single. Werden die Gehaltselemente auf meine persönlichen Bedürfnisse zugeschnitten, bin ich bereit, härter und motivierter zu arbeiten.

263 In erfolgreichen Teams werden regelmäßig mindestens monatlich Gutscheine verlost (Kino, Reise, Fitness-Center, tolles Essen mit Partner ...).

264 In der heutigen Zeit könnte ein auf lange Sicht angelegter Pensionsplan für Kandidaten von Interesse sein. Dieser könnte die aus der Mode gekommene Betriebsrente ersetzen.

265 Die Weiterbildung der Mitarbeiter wird besonders gefördert. Im Anstellungsvertrag steht: Es gibt pro Jahr Seminare im Wert von x% der Gehaltssumme. Der Mitarbeiter kann sich die Seminare, die er machen will, selbst aussuchen.

266 Mix aus Festanstellung, z. B. 20-, 25- oder 30-Stunden-Wochen und Selbstständigkeit. Festanstellung leistet finanzielle Grundsicherung und möglicherweise etwas Luxus. Die optionale Selbstständigkeit oder die erhöhte Freizeit ermöglicht es den Menschen, noch anderen Interessen, seien diese beruflicher oder privater Natur, nachzugehen, und sei es Familie oder einer selbstständigen Tätigkeit, mit der man mehr oder weniger viel Geld verdienen kann und sich primär kreativ austoben kann.

267 Es ist äußerst attraktiv, wenn man keine feste Arbeitszeit / Anwesenheitszeit hat, sondern am Ende des Tages, der Woche oder des Monats (Zeiteinheit) ein gefordertes Ergebnis erreicht hat. Ist das Ziel früher erreicht, hat man auch früher und mehr Freizeit. Auch das Gehalt orientiert sich dann anhand der Ergebnisse – je mehr Erfolge, desto höher die Bezüge.

268 Rabattkäufe durch Zusammenschluss von Mitarbeitern. Firmen könnten gemeinsame Käufe für die Mitarbeiter organisieren und verhandeln, so kann der Einzelne günstiger an ein neues Auto, einen Fernseher oder ähnliche Luxusgüter kommen.

269 Zieht ein Arbeitnehmer für die neue Stelle um, beteiligt sich der Arbeitgeber an Maklergebühren, Möbelspediteur oder Miet-Lkw und an Auslagen
wie Gardinen oder Installationsarbeiten.

270 Eine sehr gute Idee ist, firmeneigene Kredite an Mitarbeiter zu vergeben.
Der Mitarbeiter, der sich beispielsweise ein Haus bauen möchte und nicht
über genügend Bargeld und Sparverträge verfügt, sollte die Möglichkeit
haben, einen Kredit bei seinem Arbeitgeber zu beantragen. Natürlich zu
günstigen Konditionen. Der Mitarbeiter ist glücklich, dass er sich endlich
sein Haus bauen kann und der Firmenchef freut sich über einen sehr loya-
len Mitarbeiter, der langfristig für die Firma arbeitet.

271 Ein für einen Bewerber interessantes Unternehmen reserviert ein gewisses
Kontingent an Zimmern / Wohnungen in guten Hotels und Ferienanlagen
zu günstigen Konditionen (Großhandelspreise), in denen dann ein Teil der
Mitarbeiter kostengünstig (evtl. mit Firmenzuschuss) Urlaub machen kann.
Dies ist für die Mitarbeiter sehr vorteilhaft und macht das Unternehmen
sicher einen Tick interessanter. Die großen Unternehmen wie Siemens etc.
machen dies schon längst!

272 Free-Budget sind interne Service-Punkte: Jeder Mitarbeiter besitzt ein
Punkte-Kontingent, welches er innerhalb der Firma für Dienste ausgeben
kann: Massagen zwischendurch, besondere Kaffeespezialitäten, Reini-
gungsservice für Klamotten, Business-Friseur etc.

273 Bewerbermagnete haben VIP-Karten zu Veranstaltungen, für die norma-
lerweise keine Karten mehr zu kriegen sind (Fußball, Theater, Oper, Kon-
zerte ...) und verlosen diese jeweils unter den Mitarbeitern, damit jeder
die gleiche Chance hat; alternativ ist auch denkbar, dass die Mitarbeiter
jemand aus dem Unternehmen wählen, der aus der Belegschaft besondere
Leistungen erbracht hat.

274 Mitarbeiter bestimmen gegenseitig bei festgelegtem Budget, wie viel welcher Mitarbeiter bekommt. Das fördert nach einiger Zeit Gerechtigkeitssinn und Teamgeist. Jeder strengt sich besonders an.

275 Besonders für Berufspendler können Tankgutscheine oder eine Tankkarte als alternatives Honorierungsmodell angeboten werden. Eine genaue Buchführung ist Voraussetzung.

276 Private Nutzung der Firmeninfrastruktur: Es beginnt mit der privaten Nutzung einer Firmenwerkstatt, geht über den Beamer, das Sitzungszimmer bis zum Firmenlieferwagen. Kommunizieren Sie offen, was unter welchen Bedingungen genutzt werden darf.

Kommunikation (intern und extern), Kommunikationskanäle

Kontakt zu Menschen, transparent, einheitlich, ehrlich

277 Wer vertraut noch der Werbung? Die Informationen, die die Firma zum attraktiven Arbeitgeber machen, müssen authentisch sein, also: Auszeichnungen, Presseberichte, Videos von Mitarbeitern (keine Schauspieler mit auswendig gelernten Texten!), Top-Bewertungen auf Arbeitgeberbewertungswebsites, Blogs von Mitarbeitern ...

278 Der gegenseitige Respekt im Umgang miteinander im Unternehmen, aber auch in Richtung Kunden ist schon für Bewerber spürbar.

279 Sorgen Sie dafür, dass, wie in meinem Falle als Abteilungsleiter, jeder der (aus Altersgründen oder in gutem Einvernehmen) aus dem Betrieb ausscheidet, seine praktischen Erfahrungen zusammenschreibt und dem Unternehmen zur Verfügung stellt. Dies ist eine Sonderaufgabe seitens der Geschäftsführung. Diese „Erfahrungsberichte" werden dann den neuen Mitarbeitern im Zuge der Einarbeitung zur Verfügung gestellt und sind für diese äußerst hilfreich! Auch dem Verfasser macht es Spaß, seine Erfahrungen zu sammeln und niederzuschreiben – natürlich erfolgt dies in dessen Arbeitszeit!

280 Transparente Gehälter vom Chef bis zur Reinigungskraft.

281 Mit Sicherheit auch ein positives Bild ist es, wenn ein Unternehmen oder ein Unternehmensbereich einen Familientag ausrichtet, an dem die Mit-

Hinterlassen Sie Spuren!

finger print

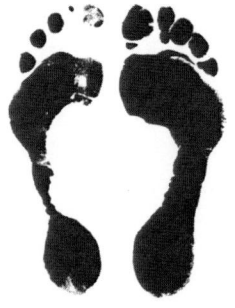

foot print

brain print

Setzen Sie ungewöhnliche Ideen um
und Sie bleiben in Erinnerung.

arbeiter ihr Unternehmen und ihren Arbeitsplatz ihrer Familie vorstellen können, begleitet von Vorträgen über Produkte und Projekte, gibt es natürlich auch Verpflegung mit Essen und Trinken, Unterhaltung für Kinder u. v. m., das Ganze wird natürlich von der örtlichen Presse begleitet, die das Unternehmen dann positiv der Öffentlichkeit vorstellt. Und wer würde als ein begeisterter Leser nicht gerne mehr erfahren?

282 Erfahrungsberichte von Mitarbeitern veröffentlichen: Drehen Sie eine Dokumentation, oder lassen Sie aktuelle Mitarbeiter über den Alltag bloggen. Das verbreitet sich und macht Sie als attraktiven Arbeitgeber bekannt!

283 Nach Websites mit Bewertungen für Produkte, Hotels, Bücher, Lehrer, Professoren und Unternehmen wäre es nur logisch, wenn Unternehmen die Möglichkeit böten, die Chefs anonym zu bewerten. Natürlich geht es dabei nicht darum, dass sich frustrierte und / oder faule Arbeitnehmer mit einer Bewertung Daumen rauf oder Daumen runter rächen, sondern um konstruktive Kritik, die auf Basis vieler detaillierter Fragen ehrliches Feedback gibt. Wichtig: Die Bewertung sollte dann auf dem Karriereportal der Firma auch für Bewerber zugänglich sein.

284 Die Selbstdarstellung des Unternehmens darf kein Blendwerk sein und muss 1:1 mit der Realität übereinstimmen. Erkannte Unstimmigkeiten führen zu Abwertungen beim Bewerber / Angestellten.

285 Präsentieren Sie Ihr Unternehmen. Zeigen Sie auf YouTube ungewöhnliche Firmen-Image-Filme. Produziert von den Mitarbeitern.

286 Die Kommentare in verschiedenen Arbeitgeberbewertungsportalen schildern glaubhaft: Die Kollegen sind super nett und lustig! Es gibt in der Firma kein Mobbing, keine schlechte Laune, keine nervigen oder ungerech-

ten Chefs! Es werden von den Vorgesetzten einfach so mal Nachrichten, Grüße oder Dank-Mitteilungen verschickt (E-Mail, SMS, Karte, Post-it auf den Schreibtisch geklebt), wenn was gut gelaufen ist oder der Mitarbeiter etwas toll gemacht hat; es gibt Glückwünsche zum Geburtstag oder besonderen Ereignissen (Geburt von Kind etc.); die Chefs interessieren sich für Privatsphäre und Probleme der Mitarbeiter im positiven Sinn – Ja, da will ich arbeiten!

287 Die Gallup-Studie bringt es an den Tag: 67 % der Deutschen machen Dienst nach Vorschrift, 20 % haben innerlich gekündigt, nur 13 % arbeiten engagiert. Bewerbermagnete machen jeden Monat eine eigene „Studie" über eine anonyme Umfrage unter den Mitarbeitern. Die Ergebnisse werden auf der Karrierewebsite auch für Bewerber sichtbar. Ohne Wenn und Aber. Natürlich beeindruckt das Unternehmen die Bewerber mit Top-Ergebnissen und mit Transparenz.

288 Völlige Transparenz – Kommunikation der folgenden Zahlen: Fluktuationsquote, Krankheitsquote, Rückkehrerquote, durchschnittliche jährliche Erhöhung der Bezüge (gegliedert nach Geschäftsleitung / Vorstand, Manager, Mitarbeiter), Anzahl der eingereichten Verbesserungsvorschläge, Anzahl der umgesetzten Verbesserungsvorschläge – mit diesen paar Kennzahlen bekommt ein Bewerber schnell Einblick, wie toll das Unternehmen wirklich ist!

289 kununu und andere Plattformen machen es vor. Stellen Sie sich dem Wettbewerb und der Beurteilung der (Ex)Mitarbeiter. Dies ist die beste Werbung und Motivation, ein Unternehmen als Arbeitgeber positiv zu präsentieren.

290 Internes Social Media Netzwerk – gute Mitarbeiter wollen gut organisiert und vernetzt werden! Bieten Sie Mitarbeitern eine innovative Plattform, auf der sie sich untereinander vernetzen können, Projekte, aber auch Freizeit planen können!

291 Jeden Tag vor Arbeitsbeginn wird gemeinsam mit dem Führungsteam und einer Tasse Kaffe, einem Glas Fruchtsaft bei entspannter Atmosphäre gemeinsam das Tagewerk angegangen. Dabei werden die wichtigsten Themen des Tages besprochen und locker durchdiskutiert.

292 Social Media erwünscht: Der Arbeitgeber weist ausdrücklich darauf hin, dass seine Mitarbeiter Social Media in der Arbeitszeit nutzen sollen. Dahinter steht aber auch ein Konzept, das den Nutzen für die Firma klar hervorhebt und die Do's und Don'ts aufzählt (Firmenpolicy, Compliance etc.).

293 10 gute Gründe, bei uns zu arbeiten: Mit diesem Slogan lockt Google seine Bewerber an – siehe *www.Link06.Bewerbermagnet.com* Bringen Sie als Arbeitgeber Ihre USP[14] genau so auf den Punkt: Nicht die Frage „Warum sollten wir gerade Sie auswählen?" an den Arbeitgeber steht im Zentrum, sondern „Warum sollte gerade ich bei Ihnen arbeiten?" ist entscheidend.

294 Mir fällt zum Thema ein Zitat von Gary Hamel, einem Managementberater und Bücherschreiber ein, das ich mir gespeichert habe, weil ich es so treffend finde und aus eigener leidvoller Erfahrung bestätigen kann: „Wer schon mal länger in einem großen Unternehmen beschäftigt war, weiß, dass die Erwartung, solche Organisationen könnten strategisch flink und rastlos innovativ sein oder faszinierende Arbeitsplätze bereitstellen, der Hoffnung ähnelt, ein Hund könnte lernen, Tango zu tanzen." – ich frage mich, warum es dann aber Heerscharen gerade zu den Konzernen hinzieht? ... und darauf baut meine Idee auf: Mittelständler wacht auf! Beweist den Leuten, wie innovativ und schnell ihr seid. Zeigt, dass ihr faszinierende und abwechslungsreiche Arbeitsplätze anbietet, die alles andere als langweilig sind! Ihr braucht also statt staubtrockener Einheitsblablaanzeigentexte nur mal eure zweifelsohne vorhandenen Vorteile deutlich, ansprechend und mitreißend rausstellen, und die Bewerber kommen in Strömen!

---

14 Alleinstellungsmerkmal (engl. *unique selling proposition, USP*)

295 Ein freiberuflicher Mediator sollte in der Firma integriert sein – dieser sollte sich einige Stunden in der Woche um eine gute Kommunikation der Mitarbeiter untereinander kümmern.

296 Top-Unternehmen müssen ihre innovativen Arbeitsräume und Angebote entsprechend präsentieren. Was nützt die beste Arbeitsumgebung, wenn sie keiner kennt? Ein Imagefilm und eine eigens dafür eingerichtete Rubrik auf der Firmenwebseite können für die entsprechende Verbreitung sorgen. Eine professionelle Anbindung an die entsprechenden Netzwerke ist Voraussetzung.

297 Am besten wirkt authentisches Empfehlungsmarketing mit Wahrheitsgehalt.

298 Unternehmens-Video-Blog: Bei YouTube gibt es für alle möglichen Themen sogenannte Gurus. Es handelt sich um kommunikative, interessante Menschen, die viele „Follower" haben. Ein innovatives Unternehmen kommuniziert seine Philosophie über solch einen Kanal. Jede Woche sollten aktuelle interessante Ereignisse in kurzer Videoform von einem (oder mehreren) charismatischen Menschen präsentiert werden. Zudem könnte ein Thema besetzt werden, das zum Unternehmen passt. Je besser die Videos, desto mehr Follower, desto höher die virale Ausbreitung im Netz!

299 Die Vorstände, Geschäftsführer, Manager outen sich in einer Marketingkampagne und veröffentlichen ihre wahren Abschlussnoten und zeigen so, dass auch Menschen, die nicht 1,0 im Zeugnis stehen haben, erfolgreich werden können, wenn – und dann kommt der eigentlich wichtige Teil – sie folgende Fähigkeiten und Eigenschaften mitbringen: [Aufzählung, was der Firma tatsächlich wichtig erscheint] – Das ist endlich mal authentisch und schreckt keinen Bewerber ab. Es gibt ja auch Nobelpreisträger mit 3er und 4er im Zeugnis.

300 Alle Zusagen, die die Firma macht, werden in jeder Hinsicht noch übertroffen; eine Firma, die sich an Zusagen hält, ist wirklich einzigartig!

301 Die Ergebnisse der letzten Mitarbeiterbefragung stehen jedem Bewerber offen; so erkennt er die Stärken und Schwächen des Unternehmens.

Jagen Sie nicht weiteren Ideen nach.

Jetzt konsequent umsetzen.

Notieren Sie **IHRE** Top-Ideen auf Seite 248.

Vision, Mission, Werte, Unternehmenskultur, Betriebsklima

Übereinstimmung mit eigenen Grundwerten, Identifikation, das Unternehmen stiftet Sinn, Umgang jung / alt etc.

302 Sie brauchen eine Vision und Mission, die die Menschen so spannend und anziehend finden, dass sie sich sogar ohne Geld dafür engagieren würden! Dass das geht, beweisen Wikipedia und unzählige andere Open-Source-Projekte. Weltweit entwickeln rund um die Uhr Zehntausende Programmierer Software, ohne dafür Geld zu kriegen. Andere arbeiten an freien Enzyklopädien. Denken sie auch an die Sportvereine, dort mühen sich die Menschen ab und zahlen sogar noch dafür – ganz zu schweigen von Extremsportlern und Bergsteigern, die sogar ihr Leben aufs Spiel setzen. Was macht Ihr Unternehmen so interessant, dass sich die Bewerber darum reißen, ihre Vision Wirklichkeit werden zu lassen?

303 Schluss mit dem Jugendwahn: Von wegen junges dynamisches Team. Mich interessiert, wie die Firma mit Mitarbeitern 50 plus und 60 plus umgeht. Irgendwann bin ich selbst in dem Alter und möchte wissen, was mich dann erwartet.

304 Sinn stiften: Top-Arbeitgeber überzeugen nicht nur durch attraktive Gehälter und interessante Jobs, sondern vielmehr durch ihre Unternehmenskultur. Dabei wird ein immer größeres Augenmerk auf nachhaltiges Wirtschaften gelegt. Wenn man als Bewerber die Wahl hat, entscheidet man sich lieber für ein Unternehmen, das soziale, ökologische und ethische Aspekte bei seinem Tun berücksichtigt, dies auch im Unternehmen lebt und seinem Mitarbeitern Sinn vermittelt. Geld ist ein enormer Anreiz, aber erst der Sinn bringt Zufriedenheit.

305 Green Thinking: Nachhaltigkeit rückt in den Fokus. Unternehmen sollten ein grünes Image haben und auch ihre neuen Mitarbeiter dabei unterstützen, ökologischer zu leben und zu arbeiten. D. h., es kann einen Green Consultant geben, der neuen Mitarbeitern hilft, ihren Haushalt ökologisch zu optimieren: Öko-Strom, gute Dämmung, intelligente Elektrik. Der Arbeitsplatz kann ebenso ökologisch optimiert sein. Das sollte umweltbewusste Top-Leute locken!

306 In meiner Traumfirma sind Spaß, Humor und gute Laune fester Bestandteil der Unternehmenskultur, werden also nicht nur geduldet, sondern aktiv gefördert.

307 Besonders Frauen achten darauf, dass ihr künftiger Arbeitgeber aktiv seine Verantwortung gegenüber Gesellschaft und Umwelt wahrnimmt. Daher ist es wichtig, dass ein Unternehmen seine Anstrengungen in diesen Bereichen kommuniziert und lebt. Hierzu zählen familienfreundliche Arbeitszeiten, Unterstützung karitativer Projekte, die nicht der eigenen Imagepflege dienen und die konsequente Reduzierung von Schadstoff-Emissionen.

308 Menschen, die ein sinnvolles Leben führen möchten, brauchen auch eine sinnvolle Arbeit. In der Arbeit verbringen sie die meiste Zeit. Menschen möchten sich selbst als Teil einer Sache wahrnehmen, die größer ist als sie selbst. Menschen brauchen eine Vision, die nicht offensichtlich nur die Brieftasche des Unternehmers füllt, sondern sie ins Herz trifft. Entwickeln Sie eine Vision, der die Mitarbeiter folgen wollen. Machen Sie die Vision erlebbar und fühlbar. Die folgende Geschichte macht das Ziel deutlich: Vor vielen Jahrhunderten arbeiteten drei Maurer an den Grundmauern einer Kathedrale. Die Maurer mussten die Steine, damit sie perfekt in die Mauer passten, mit dem Hammer bearbeiten. Ein Mann kam vorbei und fragte die drei, was sie tun. „Das siehst du doch", erwiderte der erste mürrisch. „Ich bearbeite einen Stein." Und der zweite Maurer, der das Gleiche tat, sagte gelangweilt: „Und ich errichte eine Mauer." Der dritte Maurer allerdings

Suchen Sie nicht nach einem Hindernis. Vielleicht ist keines da!

antwortete stolz: „Ich baue eine Kathedrale". Wenn Sie also etwas ganz Besonderes schaffen wollen, brauchen Sie eine Vision. Diese Vision muss klar kommuniziert werden. Für die Bewerber muss spürbar sein, dass sich Ihr Team auf dem Weg befindet. Für die Umsetzung brauchen Sie Profis für EINZIGARTIGE und AUTHENTISCHE Kommunikation, sonst sehen Bewerber statt Ihrer Kathedrale nur eine Mauer oder gar nur einen Stein.

309 Bewerbermagnete sind für ein positives und auf Respekt aufgebautes Menschenbild bekannt. Es geht darum, dass die meist zur Floskel verkommene Aussage „Der Mensch steht im Mittelpunkt" tatsächlich in den Beziehungen zu Kunden und Mitarbeitern gelebt wird. Dieser Basiswert muss bei jedem Kontakt mit den unterschiedlichsten Mitarbeitern einer Firma zu spüren sein.

310 Über Vision, Strategien und Ziele des Unternehmens sind ALLE informiert und es ist auch so formuliert, dass es JEDER versteht.

311 Das Unternehmen bietet auch älteren Menschen die Chance, einen Arbeitsplatz zu erhalten. Es zeichnet ein gutes Unternehmen aus, wenn Alt und Jung gleichberechtigt sind, voneinander lernen, und beide Seiten profitieren können.

312 Alle Führungskräfte sind weiblich. Das hört sich ungewöhnlich an, wo es doch derzeit nicht ein einziges DAX30-Unternehmen mit weiblichem CEO gibt und nur eine Handvoll Frauen in der zweiten Reihe, aber es würde die weiblichen TOP-Talente magnetisch anziehen.

313 Mich motiviert, wenn ich weiß, wofür ich arbeite; ich finde Poster toll, die Strategie und Vision visualisieren – in jedem Büro könnten das andere Elemente sein.

314 Eine starke Vision, an die die Leute glauben können und wollen! Die Vision muss für alle Bewerber deutlich sein und stark in der Firmenphilosophie verankert sein.

315 Es wäre schön, wenn in der Mission eines Unternehmens nicht nur drinnen steht, „Wir wollen Marktführer werden", sondern „Wir wollen die zufriedensten Kunden und Mitarbeiter haben".

316 Das Unternehmen lebt „soziale Verantwortung für Randgruppen", statt nur zu spenden, werden Mitarbeiter aus den unterschiedlichsten Randgruppen eingestellt und die Vielfalt gefördert.

317 Ich will in einem Laden arbeiten, der als wichtigstes Unternehmensziel hat, seine Kunden zu Fans zu machen und dies Tag für Tag beweist!

318 Die Zeitschrift „Junge Karriere" auditierte bis zu ihrer Einstellung Firmen, wenn sie untenstehende Voraussetzungen erfüllten, als Fair Company. Holen Sie sich eine vergleichbare Auszeichnung, die garantiert, dass sie junge Bewerber fair behandeln. Das senkt die Hemmschwelle, da viele Firmen noch heute durch „geschicktes" Praktikanten-Recruiting Engpässe füllen.

Fair Companies ...
- substituieren keine Vollzeitstellen durch Praktikanten, vermeintliche Volontäre, Hospitanten o. Ä.,
- vertrösten keinen Hochschulabsolventen mit einem Praktikum, der sich auf eine feste Stelle beworben hat,
- ködern keinen Praktikanten mit der vagen Aussicht auf eine anschließende Vollzeitstelle,
- bieten Praktika vornehmlich zur beruflichen Orientierung während der Ausbildungsphase an,
- zahlen Praktikanten eine adäquate Aufwandsentschädigung.

319 Mir ist es immer ein Rätsel, warum Politiker oft mit 60 oder 70 Jahren eine neue Schlüsselaufgabe übernehmen und Mitarbeiter in vielen Firmen ab Mitte vierzig schon aufs Abstellgleis kommen. Die Menschen werden ja auch immer älter – ich will für ein Unternehmen arbeiten, das nicht mit Altersteilzeit und Vorruhestandsregelungen wirbt oder diese praktiziert, sondern aktiv Konzepte in Lösungen umsetzt, Mitarbeitern bis 70 alle erdenklichen Chancen bietet (das offizielle Renteneintrittsalter ist ja bald schon bei 67).

320 Ein Arbeitgeber sollte eine zu mir passende Unternehmenskultur besitzen! Diese sollte modern sein (ein tolles Leitbild besitzen). Hier sollte man flexibel sein und nicht hochgradig bürokratisch mit kleinen Dingen umgehen. „Kurzer Dienstweg" ist das Stichwort.

321 Ein Unternehmen, das nach dem „Semco-System" arbeitet, würde viele Bewerber begeistern. Ich kenne im deutschsprachigem Raum kein ähnlich strukturiertes Unternehmen; kurz die Geschichte: Ricardo Semler hat das brasilianische Unternehmen Semco S/A sofort nach der Übernahme von seinem Vater radikal demokratisiert; weltweit sind Manager fassungslos: was bei Semco passiert, widerspricht allem, an das sie glauben: die Mitarbeiter wählen ihre Vorgesetzten, bestimmen ihre eigenen Arbeitszeiten und legen ihre Gehälter selbst fest; dank seiner genialen Methode stieg der Umsatz von 4 Millionen US-Dollar im Jahr 1982 auf 212 Millionen 2003; die Anzahl der Beschäftigten stieg von 90 auf 3.000; mehr dazu einfach googeln oder unter *www.Link07.Bewerbermagnet.com* – einige der Bücher von Ricardo Semler haben Millionenauflage erreicht; bin gespannt, wann sich der erste deutsche Unternehmer traut, dieses Erfolgsmodell zu übernehmen – meine Bewerbung kommt garantiert sofort☺

322 Eine Firma, die mich reizt, um dort tätig zu sein, muss nach außen den Eindruck machen, dass sie eine wertschätzende, zukunftsorientierte Firmenphilosophie hat und lebt. Sie muss mir das Gefühl geben, dass ihr die

Entwicklung und das Wohlergehen der Mitarbeiter genauso wichtig ist, wie ihre Kunden zu begeistern. Ich muss beim Kontakt mit der Firma das Gefühl haben, ich kann dort durch meine Mitarbeit einen wertvollen Beitrag leisten. Ständige Weiterentwicklung, Förderung von Kreativität, eine gewisse Freiheit in der Ausübung der Arbeit (lockere Arbeitszeiten, nicht nur in der Firma sein müssen zum Arbeiten) und Unterstützung der Gesunderhaltung gehören zur Philosophie der Firma, die mich reizen würde. Und ganz besonders wichtig ist für mich – ich werde auch geschätzt, wenn ich nicht Akademiker bin, sondern auf anderen Wegen ständig an meiner Ausbildung und Weiterentwicklung gearbeitet habe und es immer weiter tue.

323 Ein so geniales Betriebsklima, dass man jeden Tag traurig ist, wenn der Arbeitstag zu Ende geht und man nach Hause muss.

324 Wenn ein Unternehmen sich in den Dienst sozialer Projekte stellt oder ein soziales Projekt fördert und begleitet und Mitarbeitern die Chance gibt, dort auch ehrenamtlich tätig zu sein, auch mal, wenn es erforderlich ist, innerhalb der Arbeitszeit.

325 Top-Unternehmen sind offen für Veränderungen. Sie treiben diese aktiv, mit Augenmaß und auf menschliche Art und Weise voran. Sie ermutigen ihre Mitarbeiter, Veränderungen als etwas Normales zu betrachten und nehmen ihnen die Angst davor.

326 Top-Arbeitgeber bieten ihren Mitarbeitern eine unverwechselbare Unternehmenskultur und achten darauf, dass Neulinge zu Werten und Kultur des Unternehmens passen.

327 Was eine Firma zum Bewerbermagnet macht, ist kurz gesagt, ein Unternehmen, das lebt und somit lebendig ist, das flexibel und innovativ ist,

Glauben Sie nicht alles,
was Sie jetzt über die Ideen denken,
sondern probieren Sie's aus.

welches zielorientiert und höchst erfolgreich ist. Ein Unternehmen, das alte Gleise verlässt, ständig wächst und sich auch am internationalen Markt beteiligt. Ein Betrieb, der zwar einen straffen Kurs einhält, aber trotzdem noch die Menschlichkeit beachtet. Ein Unternehmen, das seine Mitarbeiter fördert und fordert und sie zu Höchstleistungen anspornt. Ein modernes Unternehmen, das ständig konkurrenzfähig bleibt und für das es keine Schranken gibt.

328 Vertrauen von Anfang an. Wenn man sich Vertrauen erst im Laufe einer mehrjährigen Betriebszugehörigkeit „verdienen" muss, läuft was verkehrt. Warum wird jemand überhaupt eingestellt, wenn er nicht von Anfang an den „Schlüssel" erhält? Vertrauen ist die Basis für Erfolg. Bewerbermagnete machen schon dem Bewerber transparent, dass im Unternehmen Vertrauen fest verankert ist und uneingeschränkt „gelebt" wird.

329 Bei einem Bewerbermagneten arbeiten viele vermeintlich Behinderte zusammen mit vermeintlich nicht Behinderten. Andere Sichtweisen bringen das Unternehmen nach vorne. Warum schaffen viele „Behinderte" so unglaublich viel mehr als „Nichtbehinderte"? Beispiele gibt es genügend: Der Extrem-Bergsteiger Andy Holzer, der von Geburt an blind ist, durchklettert eine senkrechte Felswand nach der anderen und Oscar Pistorius läuft mit amputierten Unterschenkeln schneller als die meisten gesunden Menschen. Bewerbermagnete definieren Behinderung neu und ziehen ALLE Menschen, die Erfolge wollen, magnetisch an.

330 In jeder Firma kann es Phasen geben, wo Mitarbeiter entlassen werden müssen; professionelles Outplacement, also der vom Unternehmen initiierten Hilfe, einen neuen Job zu finden, ist dann nicht nur moralisch korrekt, sondern motiviert auch verbleibende Mitarbeiter und zeigt potenziellen neuen Mitarbeitern die menschliche Seite des Unternehmens. Voraussetzung ist natürlich die ernst gemeinte, werteorientierte und faire Unterstützung und nicht etwa die Auffanggesellschaft, um Löhne zu drücken.

331 Mich begeistert das Qualitätsversprechen von Claus Hipp: „Dafür stehe ich mit meinem Namen" – Ob das für auch für Zusagen gegenüber Mitarbeitern gilt, weiß ich nicht. Auf jeden Fall scheint das „No rank, no titles" von Gore zu stimmen. In diesem Fall würde auf jeden Fall ein Unternehmenslenker faszinieren, der einen markanten und verbindlichen Claim einführt, der dann auch tatsächlich über Jahrzehnte gelebt wird.

332 Das Durchschnittsalter der Bundestagsabgeordneten liegt bei knapp 50 Jahren. Der Durchschnitt der deutschen Bevölkerung liegt bei etwa 42 Jahren. In der Politik kann man auch noch mit 60 Karriere machen. Die meisten Firmen hingegen unterliegen dem Jugendwahn. Altersteilzeit, Vorruhestand usw. – offenbar begreift kaum jemand, was da läuft! Bin noch weit weg vom Durchschnittsalter und arbeite gern. Ich will das auch noch mit 50 oder 60 Jahren tun, ohne dann in die Politik wechseln zu müssen, weil die Firmen die Erfahrungen älterer Mitarbeiter einfach wegwerfen. Für mich kommen nur Arbeitgeber infrage, die sich konsequent und mit nachvollziehbaren Konzepten vom Jugendwahn verabschieden.

Work-Life-Balance

Hilfe im Alltag, Kinder- und Seniorenbetreuung, flexible Arbeitszeiten, Wellness, Gesundheit etc.

333 Kids-Club: Für den Nachwuchs der Mitarbeiter gibt es toll organisierte und lehrreiche Aktivitäten. Das reicht von Umwelttagen, an denen gemeinsam mit den Kindern Umweltprojekte gestartet werden bis hin zu Feriencamps, auf denen die Kinder altersgerecht Softskills lernen können. Die ideale Ergänzung zu allen Aktivitäten in der Schule. Zudem können Mitarbeiter in extrem fordernden Zeiten so gut entlastet werden.

334 Häufig wird von familienfreundlichen Firmen gesprochen und meist aber nur an die Kinder gedacht, also klassischerweise an Kindergarten und KiTa – genauso wichtig ist es aber, Lösungen und Hilfestellung für die Eltern oder Angehörige zu bieten, die beispielsweise ganz oder auch nur vorübergehend Pflege brauchen. Die Bevölkerung wird immer älter und die Belastung für Mitarbeiter, die Pflegefälle in der Familie haben, ist groß; momentan sind Unterstützungen in diesem Zusammenhang sicher ein Alleinstellungsmerkmal, das Bewerber anzieht.

335 Es wäre super, wenn man im seltenen Fall von erforderlichen Überstunden ab 18:00 Uhr von der Firma mit vollwertigem und ausgewogenem Essen versorgt wird.

336 Das Unternehmen sollte neue Wohn-, Lern- und Arbeitsmodelle anbieten. Heutzutage verschmelzen Studium, Arbeit und das Private zunehmend miteinander. Es müssen fließende Übergänge durch das Unternehmen geschaffen und unterstützt werden. Konkrete Beispiele: die Firma unterstützt junge Eltern dabei, Karriere und Kinder zu verbinden, Firmen unterstützen

die Studenten finanziell und bekommen dafür deren Arbeitskraft frühzeitig. Die alte Trennung zwischen Arbeit und Privat muss in den dynamischen Zeiten aufgehoben werden, neue Modelle sind gefragt!

337 Bewerbermagnete bieten das volle Familienprogramm: besondere Regelungen für Mutter- und Vaterschaftsurlaub /-auszeit, Eltern-Hotline, finanzielle Beteilung an Kindertagesstätten, Kinderhütediensten, Babysitter und Kinderbetreuung für Notfälle, zusätzliches Kindergeld vom Betrieb, Beratung in pädagogischen Fragen, Hausaufgabenbetreuung, Organisation von Nachhilfe, Betriebsausflüge mit der ganzen Familie ...

338 Mich würde sehr beeindrucken, wenn ich Karriere und Kind verbinden könnte – dieses Versprechen des Unternehmens darf natürlich nicht nur ein Lippenbekenntnis sein.

339 Kostenfreie Gesundheitszusatzleistungen wie Massage am Arbeitsplatz, Yoga vor Arbeitsbeginn.

340 Konzepte für eine bessere Vereinbarkeit von Berufs- und Privatleben in unterschiedlichen Lebensphasen der Mitarbeiter (plötzlich pflegebedürftige Eltern, Kinder schwer krank, Partner schwer krank oder verstorben, Geburt von Kindern, Vorruhestand ...).

341 Kindergarten im Betrieb, über die gesetzliche Regel hinausgehende Erziehungszeiten, Ferienbetreuung der Kinder.

342 Ein Unternehmen kann, wenn es die Voraussetzungen erfüllt, sich als familienfreundliches Unternehmen zertifizieren lassen von „audit berufundfamilie" der Hertie-Stiftung. Dort wird anhand eines Anforderungskataloges

entschieden, ob ein Unternehmen die modernen Voraussetzungen erfüllt. Dieses Zertifikat garantiert künftigen Bewerbern, dass sie es mit einem professionellen und familienfreundlichen Unternehmen zu tun haben.

343 Offener und konstruktiver Umgang mit dem Thema Elternzeit: Nach wie vor bedeutet die Elternzeit für viele Mütter und Väter einen Karriereknick. Unterstützung durch den Arbeitgeber und ein offener Umgang mit diesem Thema sind für viele Bewerber bestimmt ein Anreiz, sich gezielt bei Firmen mit „Elternzeitprogrammen" zu bewerben. Folgende Punkte könnten durch den Arbeitgeber unterstützt werden: flexible Arbeitszeiten nach der Elternzeit wegen Kinderbetreuung, Fortbildungen während der Elternzeit, Vermittlung von Kita-Plätzen bzw. Tagesbetreuungen / Betriebskindergärten, regelmäßige Einladung zu Teammeetings / Firmenveranstaltungen während der Elternzeit ...

344 Die Möglichkeit, Arbeit und private Verpflichtungen in einem gesunden Gleichgewicht zu halten.

345 Ein Eltern-Kind-Zimmer zur Verfügung stellen, das im „Notfall" genutzt werden kann.

346 Flexible Arbeitszeiten, um Müttern die Möglichkeit zu geben, ihre Kinder in Ruhe in den Kindergarten / zur Schule zu bringen.

347 Spezielle Arbeitszeitmodelle für junge Mütter einführen – z.B. stundenweise Arbeit möglich machen.

348 Machen Sie es auch einem Vater oder werdenden Vater leicht, Elternzeit zu nehmen.

349 Kostenlose und regelmäßige Angebote für Gespräche mit Psychologen, Ernährungsberatern, Entspannungstrainern etc., welche in der Arbeitszeit absolviert werden können und dürfen.

350 Wenn der Arbeitgeber im Notfall Kinderbetreuungsmöglichkeit zur Verfügung stellt, wäre das sehr hilfreich nicht nur für Mütter, sondern genauso für Väter.

351 Spezielle Büros für junge Mütter – mit Kinderspielecken – wo junge Mütter stundenweise arbeiten können und dabei die Kinder nahe im Umfeld der Mutter sein können.

352 Es gibt einen Einkaufsservice und Lieferungen von Online-Shops und Versandhandel dürfen an den Arbeitsplatz geschickt werden.

353 Kandidaten könnte angeboten werden, Überstunden auf einem separaten Zeitkonto zu sammeln, um diese später zur Freistellung für Studienzwecke oder ausgedehnte Reisen nutzen zu können.

354 Work-Life-Balance-Berater. Top-Leute haben das Problem, dass sie schnell bis zum Burnout schuften. Schützen Sie diese Leute vor sich selbst und beraten sie in Stresszeiten, bieten Sie ihnen Entspannungs- und Erholmöglichkeiten.

355 Social Activity. In eine neue Stadt zu einem neuen Arbeitgeber zu kommen, ist nicht einfach, und viele Leute haben es schwer, schnell ein gutes soziales Netzwerk aufzubauen. Unterstützen Sie diese Leute in dieser Phase und organisieren Sie soziale Aktivitäten oder weisen auf entsprechende Angebote der Stadt hin.

R| <u>f</u>ehler

Was heißt hier Fehler? —
es wurde ein Weg gefunden,
der nicht zum gewünschten
Ergebnis führt.

Fehler sind ein Schritt im Lernprozess
AUF DEM WEG ZU NEUEM.
Fehler sind nicht schlimm,
WENN WIR SINNVOLL MIT IHNEN UMGEHEN.

Wie lernen Kinder Laufen? Durch Versuche. Also quasi von Fall zu Fall. Sie lernen durch Fehler! Stellen Sie sich vor, Kinder würden das Laufen lernen wie in der Schule. Erst Regeln und Theorie — das ist wichtig, sagen die Erwachsenen. „Gelernt" wird strukturiert nach Stundenplan und im Sitzen. Und dann werden einige kurze praktische Übungen gemacht. Wer könnte danach laufen?

Denken Sie anders über Fehler und Innovationen!

Menschen, die alles so tun, wie sie es schon immer gemacht haben, Menschen, die glauben, alles richtig zu machen und alles zu wissen, verhindern Innovationen.

Kleinkinder probieren unvoreingenommen Neues aus.
Sie lernen aus Fehlern und versuchen es erneut.
Immer und immer wieder. Und dann klappt es.

356 Wie wäre es mal mit Vitamin B andersherum: Ein Unternehmen kann den Kindern seiner Mitarbeiter folgende Themen anbieten:
- Betriebskindergarten
- Spezielle Schulpraktika für Mitarbeiterkinder
- Spezielle Ferienprogramme für Mitarbeiterkinder
- Spezielle Förderung (schulisch / sportlich) für Mitarbeiterkinder
- Spezielle Ferien- oder Minijobs für Mitarbeiterkinder

Durch diese Punkte werden Mitarbeiterkinder schon früh in das Unternehmen integriert – der Arbeitgeber wird so als „Teil der Familie" verankert. Wenn Sie Kinder von Mitarbeitern derart betreuen, sind diese später für eine Ausbildung oder ein duales Studium o. Ä. für Ihr Unternehmen prädestiniert. Die Maßnahmen würden sich bestimmt herumsprechen und dem Unternehmen so in ein positives Image und somit mehr Bewerber bringen. Der vom Unternehmen ausgehende Kontakt zu den Mitarbeiterkindern erhöht deren Selbstwertgefühl: „Nicht Papa / Mama hat mich ins Unternehmen geholt, sondern das Unternehmen wollte mich!"

357 Die Firma bietet Kinderbetreuung und einen Babysitter-Service, Einkaufsservice, der Hausmeister in der Firma hilft den Mitarbeitern auch privat bei Notfällen und kleinen Reparaturen.

358 Kinderbetreuung für Alleinerziehende und Familien: Gute Ausbildungsmöglichkeiten für Kinder sind oftmals ein wichtiges Argument, um auch einen Ortswechsel in Betracht zu ziehen.
- dadurch gewinnen Unternehmen zusätzliches motiviertes Personal
- helfen dadurch langfristig sich selbst und der Allgemeinheit
- erleichtern und verbessern die Berufschancen für Alleinerzieher(innen)

359 Lebens-Arbeitgeber: Trete ich eine Stelle in einer neuen Stadt an, so hilft mir der Arbeitgeber bei allem, was mich an Organisation betrifft: Wohnungssuche, Ämtergänge, Organisieren der Kinderbetreuung, Aufbauen ei-

nes Kontaktnetzes etc. So starte ich erleichtert in den neuen Alltag; und vor allem viel motivierter, als wenn ich mir alles selbst organisieren müsste.

360 Kostenloser Fitness-Check / Gesundheits-Check pro Jahr: Dem Unternehmen liegt etwas an der Fitness / Gesundheit der Mitarbeiter, es bietet den Arbeitnehmern einen kostenlosen Fitness-Check an. Daran schließt sich ein ärztliches Beratungsgespräch. Solch ein Check wird pro Jahr mit einem Bonus von ca. 500 € honoriert!

361 Als Ausgleich zum Arbeitspensum sollte das Unternehmen seinen Mitarbeitern die Möglichkeit bieten, sich im Unternehmen sportlich zu betätigen. Stellen Sie einen Fitness- und Wellnessbereich zur Verfügung. ODER bieten Sie mit firmennahen Fitnessstudios Kooperationen an, die der Mitarbeiter kostenlos nutzen kann. Stichwort: Betriebssport.

362 Das körperliche Wohlbefinden ist die Basis für einen gesunden Geist. Top-Firmen garantieren bereits in der Bewerbungsphase Gesundheit durch ergonomische Arbeitsplätze: Jeder Arbeitsplatz wird individuell angepasst, maßgeschneidert auf die Bedürfnisse des neuen Mitarbeiters.

363 Ein Top-Unternehmen vermittelt optional Mitarbeitern Wohnungen / Häuser in unmittelbarer Nähe. Dies sorgt für eine bessere Ökobilanz und die Mitarbeiter sind mit einem Katzensprung in der Arbeit, sprich, sie können das Auto stehen lassen und hinlaufen oder wenigstens hinradeln.

364 Es ist der heimliche Wunsch eines jeden Arbeitnehmers: Urlaub so viel man will. Beim US-Unternehmen Netflix ist dieser Traum zum Greifen nah: Die Netflix-Mitarbeiter haben kein beschränktes Ferien-Kontingent, sondern können unbegrenzt Urlaubstage einziehen. Dahinter steckt eine sehr liberale Unternehmens-Philosophie, die auf Vertrauen basiert.

365   Der Arbeitgeber honoriert es, wenn ein Mitarbeiter Nachwuchs bekommt. Steuerfrei und unkompliziert beteiligt er sich an der Babyausstattung.

»Ja, aus den Augen, aus dem Sinn!«[15]

Sorgen Sie dafür, dass Ihnen Ihre Gedanken nicht aus dem Sinn kommen. Halten Sie einen kurzen Moment inne. Bevor Sie sich mit den 842 weiteren Ideen beschäftigen, notieren Sie sich jetzt Ihre Top-Ideen aus dem letzten Kapitel.

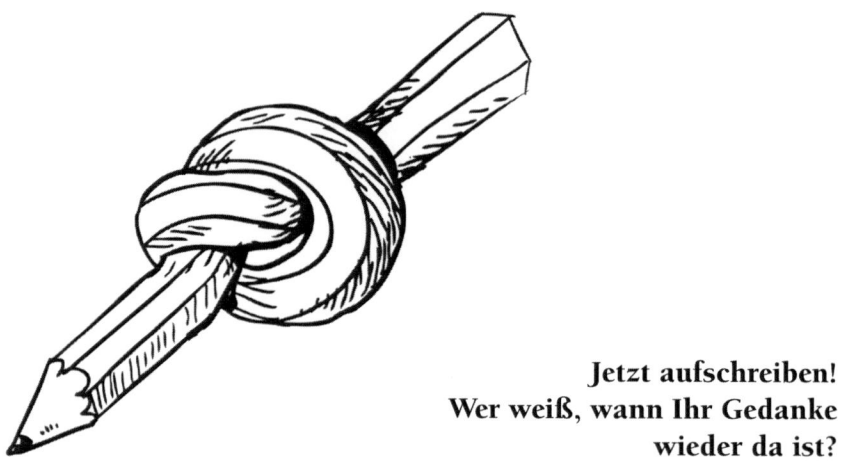

**Jetzt aufschreiben!
Wer weiß, wann Ihr Gedanke
wieder da ist?**

Sie kennen das: ein Geistesblitz ist plötzlich da. Wenn man es verschiebt, sich seine Gedanken gleich zu notieren, sind sie sehr oft verloren. Egal, wie auch immer man sich dann das Hirn zermartert, die spontane Eingebung kommt selten wieder aus der Versenkung. Halten Sie also Ihre Ideen, Assoziationen und klugen Einfälle fest. Machen Sie sich Notizen. Jetzt! Ab Seite 250 gibt es in diesem Buch einen guten Platz dafür.

---

15 ... sagte Margarete in Goethes Faust zu Dr. Faust.

Die restlichen 842 Ideen

Eine Idee, die einer für gut hält, kann ein anderer als langweilig oder schlecht einstufen, wieder ein anderer wägt die Qualität der Idee vielleicht erst gar nicht ab, sondern hält sie von vorneherein für undurchführbar, ohne sich überhaupt mit Details zu beschäftigen. Unterschiedliche Standpunkte, Erfahrungen oder Rahmenbedingen sorgen für ein großes Spektrum unterschiedlicher Meinungen über ein und die selbe Idee.

Doch bevor wir uns noch genauer mit Risiken bei der Bewertung von Ideen beschäftigen, erzähle ich Ihnen noch eine kurze Geschichte in diesem Zusammenhang. Im Rahmen der Recherche und Freigabe von Zitaten für dieses Buch habe ich auch zu der Managementtrainerin und Bestsellerautorin Vera F. Birkenbihl Kontakt aufgenommen. Sie zeigte an meinem Buchprojekt großes Interesse und rief mich aufgrund meiner schriftlichen Anfrage an. Um die zwei Stunden haben wir über Crowdsourcing, Open Innovation, Schwarmintelligenz und die erstaunliche Überlegenheit kollektiver Intelligenz gesprochen. Bereits in der frühen Projektphase empfahl mir Vera F. Birkenbihl, Ihnen und allen anderen Lesern nicht nur die 365 vom Expertengremium ausgewählten Ideen zu zeigen, sondern auch alle restlichen. Das war ein Ansatz, dessen Richtigkeit sich im Projektverlauf zusätzlich bestätigte.

Die Ideen kamen quasi durch Mehrheitsbeschluss ins Buch. Aus den Beurteilungen der 12 Experten wurde eine Durchschnittsnote gebildet, die dann in der Folge über die Aufnahme der Idee entschied. Auffällig fand ich, dass nicht eine einzige Idee dabei zwar, die alle Experten gleich beurteilten. Bei 87 % der Ideen gab es Unterschiede von zwei oder drei Bewertungsstufen innerhalb der vier möglichen Kategorien (Top-Idee, Gute Idee, Idee ist OK, Idee nicht brauchbar / realisierbar). Für die 52 % der Ideen, die drei Bewertungsstufen auseinanderliegen, bedeutet dies, dass einer oder mehrere Juroren die Idee als Top-Idee bewerteten, während ein oder mehrere Juroren die gleiche Idee als nicht brauchbar oder nicht realisierbar einstuften.

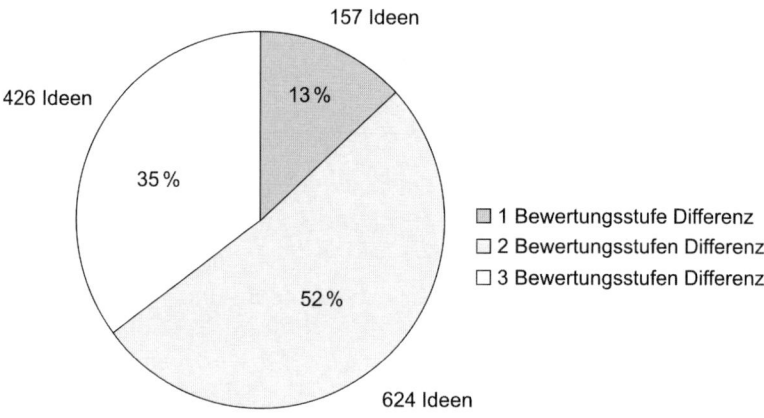

157 Ideen

426 Ideen

13 %

35 %

52 %

☐ 1 Bewertungsstufe Differenz
☐ 2 Bewertungsstufen Differenz
☐ 3 Bewertungsstufen Differenz

624 Ideen

*Bandbreite der Bewertung durch die einzelnen Mitglieder
im Expertengremium.*

Woher kommt das? Was uns Menschen anspricht und bewegt, hängt maßgeblich von unseren Erfahrungen, den individuellen Rahmenbedingungen und
natürlich vom jeweiligen Typ ab – vom Persönlichkeitsprofil. Und genau deshalb
gibt es auch nicht DIE Idee, mit der Sie alle Mitarbeiter und Bewerber gleichermaßen beeindrucken. Jeden treibt etwas anderes an: Anerkennung, Macht,
Status, Abwechslung, Ordnung, Wettstreit, Harmonie, Ziele, Beständigkeit, klare
Regeln, um nur einige zu nennen. Was den Einen zu Höchstleistungen anspornt,
lässt einen Anderen im besten Fall kalt. Die 365 Ideen im Buch gehen aufgrund
der Durchschnittsbewertung mit einer großen Zahl der Talente in Resonanz.
Sie können sich allerdings noch genauer auf die Wünsche und Bedürfnisse der
passenden Bewerber einstellen, wenn das gewünschte Verhaltensprofil für die
vakante Position genau definiert ist. Aufgrund des jeweiligen Verhaltensprofils
können Sie so Rückschlüsse auf die vorrangigen Antriebsmotive der Bewerber
ziehen und diese gezielt in der Kommunikation einsetzen. Es gibt längst Techniken und Hilfsmittel in der modernen Eignungsdiagnostik, die Ihnen innerhalb
weniger Minuten zuverlässig zeigen, wie die Bewerber, die Sie ansprechen wollen,
ticken.

Damit für Sie kein Impuls verloren geht, können Sie neben den 365 Ideen in diesem Buch auch die 842 Ideen, die es nicht ins Buch geschafft haben, durcharbeiten. Vielleicht ist ja gerade bei diesen Ideen die eine oder andere Top-Idee für Sie dabei.

Gehen Sie bitte auf die Website **www.Bewerbermagnet.com** und registrieren Sie sich dort kostenlos mit folgendem Sicherheitscode:

QR9V24X7

Nach der Registrierung haben Sie Zugriff auf 842 weitere Ideen.

Die 871 Ideengeber

Ohne die kreativen BrainWorker, also die Ideengeber auf brainfloor.com, wäre dieses Buch so nicht möglich gewesen. Jeder BrainWorker bekommt von mir einen Stern – so wird dieses Kapitel zum „Walk of Fame"[16] des Buches. HERZlichen Dank an euch alle!

✳ Ralph@RS_muc ✳ Tom Aberrant ✳ Paul Adolf ✳ Samir Agha ✳ Judith Agstner ✳ Christian Albrecht ✳ Axel Allerkamp ✳ Sabine Katharina Almesberger ✳ Jörg Altfeld ✳ Julian Amankwaa ✳ Lenz Angst ✳ Henri Apell ✳ Ute Apfel ✳ Elke Arndt ✳ Paul Artner ✳ Johnny Arulpragasam ✳ Manuel Arzt ✳ Melanie Aschaber ✳ Kerstin Asche ✳ Noorulislam Aslam ✳ Dennis Athen ✳ Katharina Azar ✳ Michael Bank ✳ Marcus Banner ✳ Yvonne Barta ✳ Birgit Barth ✳ Tomas Bartos ✳ Erich Bauer ✳ Gabriele Baumert-Lange ✳ Jonas Bausch ✳ Raquel Bay ✳ Jakob Bayer ✳ Alexander Beck ✳ Daniel Beck ✳ Christian Becker ✳ Mandy Behne ✳ Christine Behrendt ✳ Roman Belikow ✳ Andreas Bell ✳ Melanie Belling ✳ Patricia Ben Kahla ✳ Sabrina Bender ✳ Oliver Benholz ✳ Thomas Benner ✳ Alexander Benninghaus ✳ Jan Benz ✳ Edith Berari ✳ Andreas Berger ✳ Joachim Berger ✳ Michael Bergler ✳ Donat Berishaj ✳ Ulrike Berlenbach ✳ Ursula Bermuth ✳ Marco Bernegger ✳ Lutz Berreth ✳ Tom Bertermann ✳ Adrian Bertschi ✳ Tamara Berzen ✳ Jakob Biberger ✳ Sebastian Bischof ✳ Franz Bittersam ✳ Andrea Blatnik ✳ Rudolf Bledau ✳ Patrick Bloch ✳ Bruno Blum ✳ Michael Blum ✳ Tina Böhm ✳ Waldemar Böhmer ✳ Sebastian Böhner ✳ Sebastian Bomm ✳ Martin Bongartz ✳ Souad Bouhafa ✳ Bianca Brandt ✳ Veronika Brattan ✳ Josef Bräu ✳ Bernd Braun ✳ Jens Brauner ✳ Detlev Brechtel ✳ Johannes Breidenbach ✳ Vitali Breier ✳ Fritz Breinhelder ✳ Klaus Breker ✳ Jochen Brenner ✳ Christoph Brennsteiner ✳ Jaqueline Bresch ✳ Michael Breuer ✳ Gabriele Brillinger ✳ Alexander Bruni

---

16 Der „Walk of Fame" ist ein berühmter Gehweg in Hollywood, einem Stadtteil von Los Angeles, in den seit 1958 über 2.400 Sterne eingelassen wurden, mit denen Prominente geehrt werden, die eine wichtige Rolle in der US-amerikanischen Unterhaltungsindustrie spielten oder spielen.

✲ Stefan Brunk ✲ Michael Brunn ✲ Daniel Brunnett ✲ Lukas Buckel ✲
Kathrin Buffen ✲ Hüseyin Bulduk ✲ Vera Bunse ✲ Erwin Burgstaller ✲
Michael Bury ✲ David Busch ✲ Matthias Busch ✲ Marc Buschkamp ✲
Gert Buschmann ✲ Sylvia Bußler ✲ Cedrick Carpio ✲ Antoine Carre ✲
Stefan Celeski ✲ Romina Centa ✲ Carsten Conrad ✲ Philipp Corradini ✲
Patrick Coyle ✲ Fabian Crabus ✲ Raphael Crivelli ✲ Arne Dahlke ✲ Deniz
Daskin ✲ Peter de Vries ✲ David Degeorges ✲ Hagen Deike ✲ Daniel
Delank ✲ Marco Denzl ✲ Speranta Diacof ✲ Harald Diepelt ✲ Hartmut
Dieterle ✲ Inan Dogan ✲ Juraj Dollinger ✲ Thomas Donderer ✲ Klaus
Dörre ✲ Aissatou Drame ✲ Michael Dreßen ✲ Carmen Dreyer ✲ Mavin
Drolle ✲ Jeremy Drury ✲ Daniel Düppen ✲ Peter Dussl ✲ Christine Dutz
✲ Andre Ebel ✲ Christine Ebel ✲ Natalie Ecker ✲ David Eckstein ✲ Ro-
bert Eggen ✲ Christian Egger ✲ Khosrow Eghbalzad ✲ Jasmin Egler ✲
Marion Ehrenreich ✲ Christoph Eifert ✲ Tobias Eifert ✲ Stefan Eisermann
✲ Mohammed Elgazzar ✲ Thomas Eller ✲ Christine Ellinger ✲ Ingrid En-
gel ✲ Martin Enn ✲ Klaus Epp ✲ Simon Erlsbacher ✲ Gabi Ermold ✲
Hayati Eroglu ✲ Simon Esch ✲ Kris Faber ✲ Marc Fahrig ✲ Marcel Faupel
✲ Enrico Faustmann ✲ Lars Federau ✲ Robert Fedinger ✲ Bettina Feuch-
ter ✲ Iris Fiala ✲ Wolfgang Findeisen ✲ Leo Finz ✲ Jan Finzen ✲ Diana
Fischer ✲ Martin Fischer ✲ Stefan Fischer ✲ Doris Fittler ✲ Uwe Flörks
✲ Iva Florova ✲ Harry Föhner ✲ Christian Foitzik ✲ David Forstner ✲
Danilo Francone ✲ Lilian Franke ✲ Rita Franke ✲ Stefan Franke ✲ Janosch
Freak ✲ Dirk Freise ✲ Daniel Freiwald ✲ Anja Frick ✲ Gunter Friedrichs
✲ Barbara Friessnegg ✲ Helmut Frik ✲ Mattia Frizzera ✲ Katja Frontzek
✲ Jörg Frühwald ✲ Philipp Fuchs ✲ Benjamin Funk ✲ Anita Fuß ✲ Mar-
cel Gaebert ✲ Klaudius Garczorz ✲ Stefanie Gaudig ✲ Michael Gebhardt
✲ Thomas Gehrmann ✲ Andreas Geier ✲ Rolf Geishendorf ✲ Janna Geiße
✲ Valeria Geizer ✲ Sabine Genau ✲ Weindl Georg ✲ Daniel Gerkens ✲
Daniel Gerstner ✲ Christian Gerwien ✲ Steffen Gießmann ✲ Claude Giffel
✲ Regina Glade ✲ Thomas Glatte ✲ Oliver Glück ✲ Günter Göhler ✲
Sven Goldschmidt ✲ Ralf Görke ✲ Matthias Götz ✲ Anna Götzendorfer ✲
Jascha Grabher ✲ Sabine Graf ✲ John-Patrick Grande ✲ Carsten Grandke
✲ Jens Granseier ✲ Silvia Gravogl ✲ David Greinwald ✲ Alexander Greis-
le ✲ Lucia Gretenkord ✲ Melanie Grewe ✲ Philipp Griesser ✲ Ralf Grimes

✳ Gaby Groß ✳ Linda Große-Vorholt ✳ Stefan Gruber ✳ Ctirad Grüner ✳ Michaela Gruse ✳ Rosanna Guenzel ✳ Gülay Gündogdu ✳ Thomas Haas ✳ Karin Haese ✳ Sascha Häfner ✳ Heike Hagedorn ✳ Amin Haghjoo ✳ Hans-Ulrich Hahn ✳ Tobias Halstenberg ✳ Josef Halter ✳ Christian Hambach ✳ Klaus Hammerbacher ✳ Jan Händler ✳ Paul Hanert ✳ Herold Hanfstengl ✳ Sascha Hanisch ✳ Alan Hansen ✳ Dagmar Harder ✳ Mike Häring ✳ Manuel Härtter ✳ Bernhard Hartung ✳ Sebastian Hartung ✳ Nadine Hasselwander ✳ Stephan Haux ✳ Michael Havemann ✳ Helene Heckel ✳ Mandy Heddergott ✳ Christoph Heger ✳ Kristina Heiken ✳ Frank Heim ✳ Stefan Heinrich ✳ Martin Heinrichs ✳ Robert Heinzke ✳ Werner Heldmann ✳ Jonas Helmstetter ✳ Anna Henning ✳ Sophia Henrichs ✳ Dietmar Herberth ✳ Theresa Herzog ✳ Thomas Herzog ✳ Stefan Heuer ✳ Sandra Heyder ✳ Christian Hilger ✳ Marion Hillebrand ✳ Markus Hillebrand ✳ Oxana Hiller ✳ Regina Hindrichs ✳ Heinrich Hintenberger ✳ Klaus Hinterer ✳ Michael Hirschmann ✳ Katharina Höckh ✳ Felix Hof ✳ Dominic Hoffmann ✳ Martin Hoffmann ✳ Lukas Höfling ✳ Karsten Hofmann ✳ Verena Hofmann ✳ Walter Hogger ✳ Hansjörg Hohwieler ✳ Gerhard Holzinger ✳ Daniela Hönkhaus ✳ Katja Hoppe ✳ Michael Horndasch ✳ Sabine Hornung ✳ Heico Horstmann ✳ Denise Houszka ✳ Ilja Hramcov ✳ Heribert Hross ✳ Georg Huber ✳ Tanja Huberti ✳ Sarah Huch ✳ Kristoffer Hug ✳ Anita Hummel ✳ Stefan Hunger ✳ Maritta Hunszinger ✳ Hannes Iacob ✳ Thomas Ilk ✳ Barbara Indra ✳ Armin Iseli ✳ Julian Jaeck ✳ Manuela Jager ✳ Matthias Jäger ✳ Johannes Jähnke ✳ Jan Jakobitz ✳ Leif Jakobsmeier ✳ Thomas Janetzki ✳ Christoph Janitzky ✳ Kiro Jankov ✳ Jasmin Jansen ✳ Diana Jastram ✳ Doris Jaussi ✳ Rene Jellitsch ✳ Anduril Jenner ✳ Dieter Jokiel ✳ Sonja Jolicic ✳ Stefan Jörg ✳ Roland Judas ✳ Chris Jung ✳ Hendrik Jungkamp ✳ Sebastian Jurjanz ✳ Mariusz Kaczmarski ✳ Achim Kader ✳ Dirk Kaetker ✳ Michaela Käfer ✳ Darja Kalisch ✳ Andreas Kallmeyer ✳ Bianca Källner ✳ Julia Kaltenbeck ✳ Melina Kamou ✳ Ruth Kämpfer ✳ Sven Kamratowski ✳ Britta Kanacher ✳ Cem Kara ✳ Serpil Karabas ✳ Edis Karic ✳ Katharina Karner ✳ Daniel Karthäuser ✳ Christian Käser ✳ Ingrid Kasper ✳ Simone Kassem ✳ Philipp Kässinger ✳ Roland Kauber-Birkelbach ✳ Christian Kaufmann ✳ Hansjürg Kaufmann ✳ Stefan Kaufmann ✳ Stephan Kaulfuß ✳ Diana Kecht ✳

Nicole Keienburg ✳ Robert Keller ✳ Dieter Kellermann ✳ Oliver Kellermann ✳ Sonja Kelz ✳ Bettina Kersch ✳ Mandy Kerstens ✳ Christian Kettmann ✳ Anna Kiefer ✳ Marvin Kiesow ✳ Sven Kijewski ✳ Heidi Kindermann ✳ Thorsten Kipp ✳ Franz Kiri ✳ Günther Klammer ✳ Doris Klang ✳ Markus Klarmann ✳ Andreas Klassen ✳ Christian Kleine ✳ Jakob Kleine ✳ Dennis Kleinert ✳ Rene Klimkeit ✳ Harald Kling ✳ Uwe Klinkhardt ✳ Ivan Kljucevic ✳ Marc Klose ✳ Nurcan Klossak ✳ Matthias Kluth ✳ Florian Knetsch ✳ Joachim Hans Knoth ✳ Nadine Knufinke ✳ Emine Kocauludag ✳ Alexander Koerdt ✳ Thorsten Koetzing ✳ Markus Kofler ✳ Jens Kohler ✳ Patrick Koller ✳ Denny Kondic ✳ Stefanie Konopka ✳ Rafael Kos ✳ Petra Köstinger ✳ Katharina Kötzner ✳ Ariane Kowalski ✳ Anatoly Kozlovsky ✳ Philipp Krämer ✳ Alexander Krampitz ✳ Gunnar Krause ✳ Roland Kreiser ✳ Maximilian Kreisz ✳ Daniela Krieg ✳ Axel Krieger ✳ Thomas Kroll ✳ Patrik Krüger ✳ Christian Kruse ✳ Birgit Kuhn ✳ Remus Kukrecht ✳ Sascha Kurth ✳ Evelina Kutkaityte ✳ Mari Laasanen ✳ Lukas Labek ✳ Bianca Ladewig ✳ Anastasios Lalos ✳ Jennifer Lamy ✳ Franz-Josef Lang ✳ Gerhard Lang ✳ Michael Langner ✳ Felix Latzka ✳ Christian Lauppe ✳ Sascha Peter Lazarevic ✳ Olaf Lebelt ✳ Klaus Peter Lehr ✳ Michael Leibrecht ✳ Stefan Leicht ✳ Stefan Leineweber ✳ Daniel Leisner ✳ Dominik Lendi ✳ Philipp Lentner ✳ Carolin Lenz-Köhler ✳ Andreas Lerch ✳ Daniel Leu ✳ Marcel Leutebrandt ✳ Thomas Lewandowski ✳ Florian Liendl ✳ Daniela Lietz ✳ Thomas Lindemann ✳ Thomas Lindenschmidt ✳ Juergen Linder ✳ Tobias Lingenhel ✳ Jasmin Lintner ✳ Ralf List ✳ Caspar Loesche ✳ Maximilian Loest ✳ Carsten Lorenz ✳ Lydia Lorenz ✳ Alex Lötscher ✳ Martin Lüdecke ✳ Frank Ludwig ✳ Sven Ludwig ✳ Alfred Lüggert ✳ Michael Luipersbeck ✳ Marina Lulic ✳ Stephan Lüschen ✳ Bruno Mach ✳ Benjamin Machauer ✳ Magdalena Maier ✳ Alexander Mairamhof ✳ Ludwig Mall ✳ Ursula Mandel ✳ Jonathan Mandler ✳ Dieter Manheim ✳ Sari Marie ✳ Leo Marose ✳ Christian Martens ✳ Daniel Martin ✳ Kyle Märtins ✳ Simon Marx ✳ Julia Maurer ✳ Paul Mauser ✳ Luis Mayer ✳ Markus Mayer ✳ Nadine Mechler ✳ Jens Meding ✳ Marcel Meier ✳ Patrick Meisel ✳ Tizian Melzer ✳ Sonja Menssen ✳ Burkhard Menzel ✳ Hanna Menzel ✳ Jennifer Menzel ✳ Martina Menzel ✳ Maximilian Merk ✳ Monika Meurer ✳ Alexandra Mey ✳ Katrin Meyer ✳ Thomas Meyer ✳ Frank

Michael ✳ Martin Milleder ✳ Marc Miller ✳ Diana Millgramm ✳ Martin Möglich ✳ Iman Mohamad ✳ Daniel Moldenhauer ✳ Miriam Monchen ✳ Carsten Moritz ✳ Michael Moritz ✳ Claus Moser ✳ Oliver Moser ✳ Joshua Mossbarger ✳ Michael Mücke ✳ Giuseppe Muià ✳ Alexander Müller ✳ Andrej Müller ✳ Astrid Müller ✳ Frank Müller ✳ Jan Müller ✳ Maximilian Müller ✳ Stefanie Müller ✳ Valerie Müller-Huschke ✳ Romana Murauer ✳ Michaela Murkowski ✳ Günter Müßgen ✳ Carsten Muths ✳ Katrin Mützel ✳ Sabine Myxa ✳ Claudia Nagel ✳ Uwe Nagler ✳ Martina Närr ✳ Nucleus Nebel ✳ Christian Nennemann ✳ Peter Neufeld ✳ Dorian Neumann ✳ Sebastian Niehoff ✳ Florian Niemann ✳ Susanne Niemuth-Engelmann ✳ Bernd E. Niestrath ✳ Domi Nik ✳ Harry Nonnen ✳ Edith Obermayr ✳ Simon Oberwaditzer ✳ Arno Oesterheld ✳ Christina Offner ✳ Petra Ofner ✳ Sabrina Ofner ✳ Safak Ökmen ✳ Marc Ollhäuser ✳ Tanja Oraze ✳ Evelyn Orbach-Yliruka ✳ Ali Örscü ✳ Stefan Ortner ✳ Frank Otterbach ✳ Meher Ouerghi ✳ Thorsten Over ✳ Stefan Pabst ✳ Thomas Pajonk ✳ Angel Palomino ✳ Ulrich Paptistella ✳ Paola Parisi ✳ Tobias Pattberg ✳ Dominik Peil ✳ Daniela Peinkofer ✳ Klaus Joachim Penris ✳ Detlef Penzel ✳ Oliver Penzel ✳ Fabian Perl ✳ Marco Perschke ✳ Wolfgang Perzlmeier ✳ Andreas Peter ✳ Holzinger Peter ✳ Alexander Peters ✳ Daniela Petry ✳ Harald Petschnik ✳ Remo Petti ✳ Dennis Pfeiffer ✳ Verena Pfirrmann ✳ Rosmarie Pfister ✳ Franz Pircher ✳ Jörg Pircher ✳ Olaf Piskrzynski ✳ Bernd Pitz ✳ Werner Plajer ✳ Karol Plichta ✳ Harald Plöger ✳ Peter Podesva ✳ Dieter Poeppel ✳ Philipp Pöhl ✳ Detlev Pohlig ✳ Jana Polohova ✳ Jutta Pompe ✳ Miriam Pörschke ✳ Natalie Poschinger ✳ Martin Pospischil ✳ Chris Pötschke ✳ Johannes Pottrick ✳ Christian Preis ✳ Friedrich-Wilhelm Prelle ✳ Caroline Priese ✳ Antonio Procida ✳ Robert Prohaska ✳ David Protzmann ✳ Rainer Puster ✳ Nicole Quast ✳ Petra Quast ✳ Alexandra Queiros ✳ Stefanie Raab ✳ Roman Rackwitz ✳ Patrick Radtke ✳ Rapahel Rahmer ✳ Stefan Ramold ✳ Carole Ramuz Isler ✳ Gesa Rasch ✳ Matthias Ratering ✳ Klaus Redemund ✳ Esther Redler ✳ Olaf Reese ✳ Robert Reese ✳ Andreas Reich ✳ Heiko Reichelt ✳ Nils Reimelt ✳ Mathias Reinecke ✳ Michael Reiners ✳ Caroline Reinert ✳ Sonja Reinert ✳ Isabel Reinhardt ✳ Marko Reinsberg ✳ Anja Reiser ✳ Elias Reiter ✳ Martin Reiter ✳ Michi Reiter ✳ Willy Reuter ✳ Thomas Richter ✳

Michael Riese ✳ Stephanie Riess ✳ Andreas Rinnhofer ✳ Johannes Röckelein ✳ Yvonne Rofner ✳ Markus Roitzheim ✳ Radoslav Roll ✳ Daijana Ropers ✳ Thomas Roßmann ✳ Dr. Steffen Roth ✳ Britta Rothfuchs ✳ Daniela Rudzinski ✳ Claudio Ruhe ✳ Philipp Rumler ✳ Andre Rumpff ✳ Christopher Rupp ✳ Marlene Rupp ✳ Siegfried Rupp ✳ Barbara Ruppmann ✳ Kirsten Rusche ✳ Gerd Russwurm ✳ Mart Rutkowski ✳ Andrea Rutschmann ✳ Patrick Ryba ✳ Samuel Ryszewski ✳ Christian Sailer ✳ Bernhard Sander ✳ Christos Saridis ✳ Philipp Sasse ✳ Soufiane Sati ✳ Silke Sauer ✳ Luisa Scalvini ✳ Klaus Schaaff ✳ Britta Schäfer ✳ Romana Schaile ✳ Paul Schanz ✳ Jens Schaper ✳ Robert Scheidler ✳ Christoph Scheiring ✳ Norman Scherer ✳ Christine Schickinger ✳ Clemens Schinagl ✳ Irina Schlee ✳ Sarah Schleicher ✳ Florian Schletterer ✳ Hagen Schmidt ✳ Markus Schmidt ✳ Norbert Schmidt ✳ Markus Schmitt ✳ Astrid Schmitz ✳ Rene Schmusch ✳ Silvia Catarina Schneegans Protz ✳ Dag Schneider ✳ Kathrin Schneider ✳ Walter Schneider ✳ Andrea Schnitzspan ✳ Jürgen Schnitzspan ✳ Helmut Schomborg ✳ Andrea Schönberger ✳ Markus Schörg ✳ Andrea Schorn ✳ Jan Schott ✳ Andreas Schranz ✳ Peter Schrey ✳ Max Schröder ✳ Ingo Schroff ✳ Peter E. M. Schudel ✳ Bruno Schuler ✳ Harald Schuler ✳ Manfred Schultz ✳ Nadine Schultz ✳ Alexander Schulz ✳ Dirk Schulz ✳ Paul Schulze ✳ Sylvia Schürfeld ✳ Felix Schürholz ✳ Moritz Schuschnigg ✳ Désireé Schuster ✳ Erwin Schuster ✳ Peter Schuster ✳ Christian Schütz ✳ Johannes Schwalb ✳ Jörn Schwalba ✳ Barbara Schwarz ✳ Mathias Schwarz ✳ Tobias Schwarz ✳ Johannes Schwarzer ✳ Michael Schweier ✳ Fabian Schwender ✳ Markus Schwennecker ✳ Christine Schwertner ✳ Beat Schwitter ✳ Birgit Seckler ✳ Roman Seeleitner ✳ Rolf Seiwert ✳ Peter Sender ✳ Patrick Siewerth ✳ Manfred Sigmann ✳ Ina Sigus ✳ Snezana Sijacki ✳ Robert Silberhorn ✳ Nikolai Skopek ✳ Martina Smit ✳ Julia Söldenwagner ✳ Daniel Soller ✳ Julijana Sorovakos ✳ Mitja Spaarwater ✳ Steffi Spörlein ✳ Nikolas Stade ✳ Jessica Stangl ✳ Peter Staudinger ✳ Ralf Steib ✳ Denis Steigerwald ✳ Nils Steindorf ✳ Julia Steiner ✳ Nadin Steinert ✳ Sabrina Steinert ✳ Marvin Steißlinger ✳ Frank Stephan ✳ Thomas Stern ✳ Astrid Steuerwald ✳ Kersten Steuerwald ✳ Dieter Stilz ✳ Steffen Stock ✳ Wilhelm Stöhlmacher ✳ Jana Stranghöner ✳ Harry Strauss ✳ Peter Strauß ✳ Sonja Strauß ✳

Sabrina Strien ✶ Ralph Strobel ✶ Manuela Strombach-Gauss ✶ Jörg Studer ✶ Joachim Svensson ✶ Hannah Szynal ✶ Sandra Taglieber ✶ Gerald Tatschl ✶ Maike Tekbali ✶ Andreas Teroerde ✶ Angela Tevill ✶ Alexandra Teyfel ✶ Oliver Thielen ✶ Daniel Thieme ✶ Matthias Thomas ✶ Steffen Thorade ✶ Annette Tiede ✶ Robin Tiemeier ✶ Jürgen Tischer ✶ Nemanja Todic ✶ Alexander Tokarev ✶ Ivvon Tomek ✶ Thomas Topolanek ✶ Julian Trafoier ✶ Moritz Trautner ✶ Nicole Trinco ✶ Alex Tsanev ✶ Jörg Tschöpe ✶ Jasmin Tülk ✶ Marius Tulodziecki ✶ Philipp Uhlemann ✶ Sebastian Uhlig ✶ Susann Ullrich ✶ Gülsah Ünal ✶ Waldemar Unger ✶ Ramona Unkrig ✶ Emil Unterrainer ✶ Mehmet Emin Uslu ✶ Habibe Uzun ✶ Leo Vaks ✶ Pierina Valentini ✶ Benno van Aerssen ✶ Claudia Vaßen ✶ Ralf Vedder ✶ Malte Vetter ✶ Hannah Vogel ✶ Christian Volk ✶ Inger von Aswege ✶ Henning von Harling ✶ Anna von Hohenzollern ✶ Benjamin Vonau ✶ Klaus Wächter ✶ Manuela Wagner ✶ Martin Wagner ✶ Mario Waitz ✶ Annette Walker ✶ Frank Wallenborn ✶ Beat Walter ✶ Mathias Walter ✶ Detlef Warning ✶ Janine Wartenberg ✶ Clemens Wätzig ✶ Diana Weber ✶ Heidi Weber ✶ Juliane Weber ✶ Stefan Weber ✶ Bärbel Wedekind ✶ Daniel Wegner ✶ Robert Weidinger ✶ Margot Weigand ✶ Hans-Peter Weinhäupl ✶ Raimund Weinmüller ✶ Thea Weis ✶ Sebastian Weisenburger ✶ Katrin Weiß ✶ Tobias Weisshahn ✶ Alexander Wendeler ✶ Sandy Wengler ✶ Matthias Werft ✶ Norbert Wessely ✶ Timo Wetendorf ✶ Timo Wettstein ✶ Christian Wexlberger ✶ Christian Widauer ✶ Michael Wiefels ✶ Stefan Wiegand ✶ Bernd Wiemann ✶ Johannes Wiemer ✶ Nastassja Wiercioch ✶ Pia Wiesbauer ✶ Andreas Willi ✶ Eve Windmüller ✶ Carl Winter ✶ Anastassia Wojtek ✶ Kilian Woker ✶ Christina Wolf ✶ Daniel Wolf ✶ Florian Wolf ✶ Marco Wolf ✶ Mark-Oliver Würtz ✶ Ömer Yildirim ✶ Marina Zander ✶ Jacqueline Zatl ✶ Stephanie Zeidler ✶ Jan Zessin ✶ Andrea Zettel ✶ Thomas Zieba ✶ Jan Zimbehl ✶ Astrid Zimmermann ✶ Sarah Ziplies ✶ Christian Zöbl ✶ Günther Zulley ✶

Verblüffende Lösungen
für Ihr Personalmarketing
und Ihr Recruiting
bekommen Sie auch
bei **Quergeist.com**

Bauen Sie sich Ihre eigene Ideenmaschine.
Das geht ganz einfach!

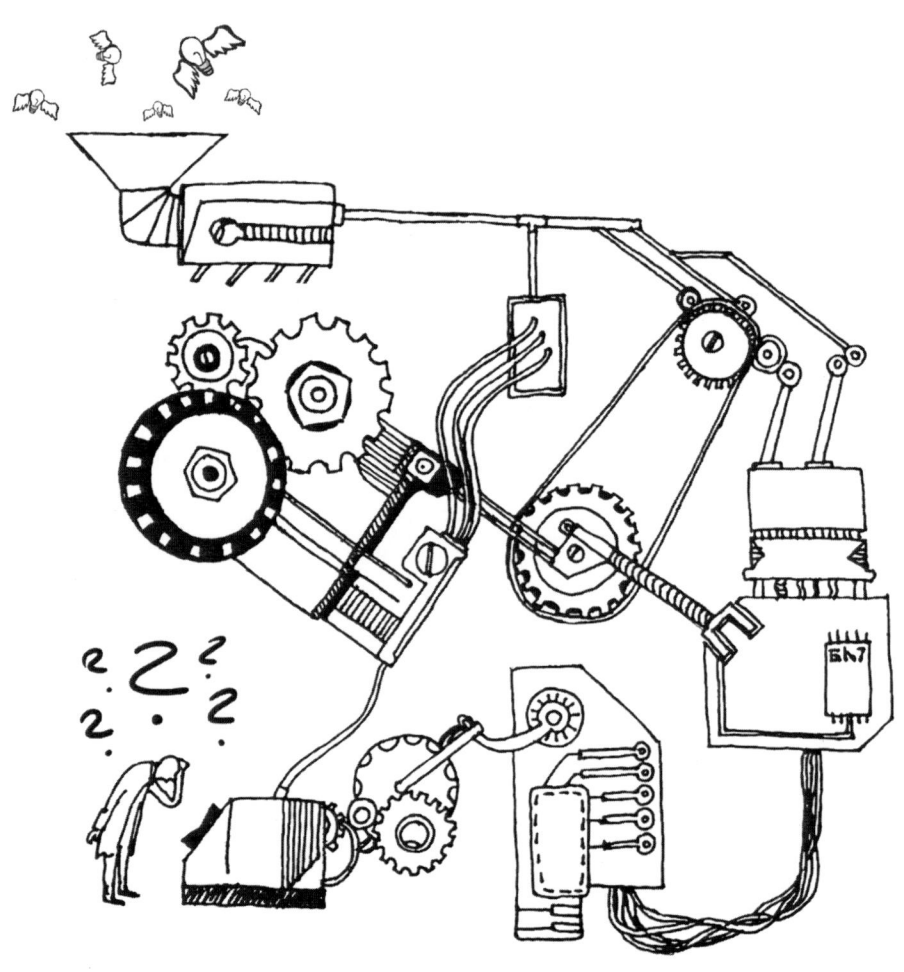

Ihre eigene Ideen-Maschine

Sie finden in diesem Buch 365 Ideen, wie Sie Ihr Unternehmen zum Bewerbermagnet machen. 842 weitere Ideen stehen im Internet auf der Website Bewerbermagnet.com für Sie zum kostenlosen Download[17] bereit. Auch die Zitate in diesem Buch sind wertvolle Impulsgeber. Doch das ist erst ein Anfang. Die Ideen und Lösungen in diesem Buch sind das Resultat einer vergleichsweise allgemeinen Fragestellung, die sich – wenn Sie wollen – zur Beleuchtung von Teilaspekten beliebig konkretisieren lässt. Über die folgenden Fragen könnten beispielsweise vertiefende Ideen für den Bewerbungsprozess gewonnen werden:

- Wie sieht ein Besprechungsraum aus, der Bewerber nachhaltig fasziniert?
- Durch welche Geschichte oder Metapher können wir unsere Visionen und Werte so kommunizieren, dass sie jeder versteht und nicht mehr vergisst?
- Was macht unseren Bewerbungsprozess so ungewöhnlich und interessant, dass jeder Bewerber davon schwärmt und jedem, den er trifft, sofort davon erzählt?
- Wie sieht das Recruiting-Event aus, bei dem alle Top-Talente dabei sein wollen?
- Was können wir nach einem Bewerbungsgespräch tun, um bei Top-Kandidaten letzte Zweifel auszuräumen und sie auf jeden Fall für uns zu gewinnen?
- usw.

Bei der Entwicklung neuer Ideen und Lösungen müssen bestimmte Gehirnregionen angesprochen werden. Um diese zu aktivieren, sind spezielle Fragestellungen unerlässlich. Sie müssen das richtige Suchfeld bestimmen und die passenden Fragen formulieren, damit Sie die „richtigen" Antworten, also innovative Ideen bekommen. Die Fragestellung ist fast schon eine Wissenschaft für sich, erfordert auf jeden Fall sehr viel Erfahrung – Sie sollten daher einen Innovationsprofi zurate ziehen, der ausreichend Praxis mit Open Innovation hat und Sie bei Ihrem Vorhaben unterstützt. Es gibt mittlerweile auch einschlägige Fachli-

---

17 Details zum Download finden Sie im Kapitel *Die restlichen 842 Ideen* auf Seite 157.

teratur und ein interessantes Angebot verschiedener Seminaranbieter, um sich mit der Methodik vertraut zu machen.

Die Fragen sind formuliert. Wie kommen Sie jetzt an weitere Ideen und Lösungen? Der Nobelpreisträger Linus Pauling bringt es auf den Punkt:

»Die beste Methode, eine gute Idee zu bekommen ist, viele Ideen zu haben!«

Egal, ob es um eine innovative Personal- oder Ausbildungsmarketingstrategie oder um die Generierung von Ideen für neue Produkte und Dienstleistungen geht, können Sie mit Open Innovation Ihren Innovationsprozess vereinfachen und beschleunigen. In diesem Buch beschäftigen wir uns nur mit dem Outside-In-Prozess näher, beleuchten also einen der drei Kernprozesse von Open Innovation. Die anderen zwei Kernprozesse, den Inside-Out-Prozess und den Coupled-Prozess, habe ich der Vollständigkeit halber im Anhang ab Seite 269 für Sie beschrieben.

Mit dem Outside-In-Prozess integrieren Sie, wie der Name schon vermuten lässt, externes Wissens in den internen Innovationsprozess. Sie zapfen frische Wissensquellen an und beziehen Gedanken und Ideen vieler Menschen außerhalb Ihres Unternehmens mit ein. Vor allem Kunden und potenzielle Mitarbeiter (Bewerber) – für die Innovationen ja gemacht werden – aber auch unbeteiligte Amateure, Experten, Lieferanten, Kooperationspartner und Multiplikatoren können in diesem Prozess ihr Wissen und ihre Erfahrungen, aber auch ihre Wünsche und Erwartungen auf sehr direktem Weg einbringen.

Zweifelsohne bietet es viele Vorteile, Open Innovation einzusetzen. Die Frage ist, wie Sie effizient externes Wissen anzapfen und erfolgreich in Ihren Innovationsprozess integrieren? Die gute Nachricht: Mit den richtigen Methoden können Sie Ideen quasi industriell produzieren. Sie sind also nicht mehr alleine auf den Geistesblitz Einzelner angewiesen. Dies kann in Ideenworkshops und/ oder mithilfe des Internets geschehen.

Ideenworkshop

In einem Ideenworkshop entwickeln Sie in kurzer Zeit systematisch wirklich neue und umsetzbare Ideen und Lösungen für Ihre konkreten Aufgabenstellungen. Um dies zu erreichen, muss der Workshop von einem erfahrenen Innovationsexperten moderiert werden. Egal, wofür Sie neue Ideen entwickeln möchten, Sie kommen der Lösung näher. Im kreativen Teamprozess bekommen Sie Ideen, hinterfragen diese und können, wenn Sie möchten, die so generierten Lösungen auch gleich umsetzungsreif aufbereiten lassen. Ideenworkshops haben viele Namen: Ideenkonferenz, Kreativitätsworkshop, Ideenschmiede, Innovation Day, Innovationsworkshop, Zukunftswerkstatt oder Markt der Möglichkeiten, um nur einige zu nennen. Ihr Workshop kann von 60 Minuten bis hin zu einer mehrtägigen Veranstaltung dauern und bezieht von einer Handvoll kreativer Teilnehmer aus einer oder mehreren unterschiedlichen Zielgruppen bis zu mehreren Hundert Beteiligten ein. Die ideale Veranstaltungsform und das richtige Vorgehen hängt von Ihrer Aufgabenstellung und von Ihren Zielen ab.

Im Kontext der Fachkräftesicherung für Ihr Unternehmen oder Ihre Organisation können Sie Ideenworkshops auch direkt für die Rekrutierung verwenden. Laden Sie Schüler und Studenten ein, um Ideen für neue Produkte, Dienstleistungen oder auch bevorzugte Rekrutierungsmethoden zu bekommen. Sie knüpfen oder intensivieren so Kontakte zu Schulen, Hochschulen und Talenten. Während der Veranstaltung lernen Sie die potenziellen Kandidaten abseits der Stress-situation eines Bewerbungsgespräches kennen. Sie erfahren viel über die Qualität der Lösungen, deren Arbeitsmethoden, Teamfähigkeit, Engagement, soziale Kompetenz und Überzeugungskraft. Sich selbst positionieren Sie als innovatives Unternehmen, können Ihre Werte und Arbeitsweisen detailliert darstellen und bekommen nicht zuletzt Lösungen für Ihre Fragestellungen in Bezug auf Produkte und Dienstleistungen. Richtig initiiert und vermarktet ist eine solche Veranstaltung ein richtiges Zugpferd, denn gerade Top-Talente wollen zeigen, was sie können.

Webbasierte Software

Über Softwarelösungen[18] können Sie Interessenten, Ihre Kunden, Kooperationspartner, Multiplikatoren, Experten und Forscher zu einer Innovation Community vernetzten und so externe Ideen in Ihren Innovationsprozess einbinden. Sie steuern den gesamten Prozess: Ideen finden, auswählen, bewerten und die Umsetzung planen. Durch das Internet ist es so einfach wie nie zuvor, das verstreute Wissen der Menschen zu koordinieren, zu bündeln und so deren kollektive Intelligenz (Schwarmintelligenz) nutzbar zu machen. Gleichzeitig initiieren Sie mit Open Innovation die soziale Interaktion und fördern den aktiven Wissensaufbau und -transfer in Ihrem Unternehmen. In dieser Version nutzen Sie ein eigenes Netzwerk von internen und externen Ideengeben.

Open Innovation-Dienstleister mit Community

Wenn Sie schnell und einfach viele gute Ideen brauchen, ist es sinnvoll, wenn Sie sich an einen Dienstleister wenden, der Ihnen neben der webbasierten Software gleich seine gesamte Online-Community mitliefert. Anstelle, dass Sie selbst kreative Köpfe als Ideengeber mobilisieren müssen, stehen je nach Anbieter bis zu mehreren Hunderttausend Mitglieder in einem Interaktionsnetzwerk Gewehr bei Fuß und warten nur darauf, Ihnen sofort Antworten auf Ihre Frage(n) zu liefern. Wenn Sie bereits bestehende Communities nutzen, bekommen Sie – je nach Fragestellung – bereits innerhalb weniger Tage Hunderte oder Tausende neue Lösungsansätze.

Es gibt einige Crowdsourcing-Plattformen, wie etwa *crowdSPRING* oder *jovoto*, die sich auf kollaborative Ideenfindung zu den Themen Design, Illustration und Werbetext spezialisiert haben. International ausgerichtete Anbieter wie *Inno Centive* oder *NineSigma* arbeiten branchen- und funktionsneutral. Im deutschsprachigen Raum haben sich insbesondere die Plattformen *Atizo* und *brainfloor* einen Namen gemacht, um einfach, schnell und kostengünstig neue Produkt-, Dienstleistungs- und Marketingideen über Brainstormingplattformen im Internet zu finden und zu entwickeln.

---

18 beispielsweise HypeIMT oder IntraPRO INNOVATION

Open Innovation – Chancen nutzen

Egal, welche der vorgestellten Formen Sie einsetzen – am besten ist sicher eine Kombination aus verschiedenen Formen – binden Sie externe Ideen in Ihren Innovationsprozess aktiv ein. Nutzen Sie Open Innovation! Sie vermeiden durch externe Netzwerke den Tunnelblick, erhöhen Ihr Innovationspotenzial enorm und sichern sich so Vorteile im Wettbewerb.

Welche Aufgabe steht derzeit bei Ihnen an, die von vielen neuen Impulsen und Geistesblitzen profitieren würde?

Gehen Sie Ihre Themen jetzt an.

»Change is fun!«

„Veränderung macht Spaß", sagt die Designerlegende Helmut Esslinger. Der Gründer von Frog Desgin stellte sich immer und immer wieder die Frage: *„Muss dieses Produkt wirklich so aussehen – oder geht es nicht ganz anders?"*, und seine Antworten waren revolutionäre Produktdesigns wie beispielsweise der „Apple IIC" und natürlich viele Nachfolgeprodukte von Steve Jobs, die Kompaktanlage „Concept 51" von Wega, bunte, fast gemütliche Zahnarztsessel und die Trinitron-Fernseher von Sony, um nur einige wenige Produkte zu nennen, die Designgeschichte geschrieben haben.

In diesem Buch geht es um das „Produkt Arbeitsplatz". Da stellt sich die Frage: Müssen Ihre Arbeitsplätze und Rekrutierungsprozesse wirklich so aussehen – oder geht es nicht ganz anders?

Wenn Sie bei der Entwicklung Ihrer eigenen, maßgeschneiderte Ideenmaschine Tipps brauchen, sprechen Sie mich an. Gerne unterstütze ich Sie mit Praxiswissen. Schreiben Sie einfach eine E-Mail an axel@haitzer.de

Innovationshemmnisse

Sie kennen das: Auf eine Idee oder Erfindung kommen hundert Fachleute, die davor warnen. Sobald sich aber neue Produkte, Technologien und Verfahrens- und Denkweisen durchgesetzt haben, amüsieren wir uns über die Fehlprognosen. *„Es ist dem Menschen unmöglich, die hohen Geschwindigkeiten der Eisenbahn zu ertragen. Sein Atmungssystem wird zusammenbrechen"*, war sich der britische Arzt Dr. Dionysys Lardner (1793–1859) sicher. Und als er das sagte, glich die Eisenbahn bekanntermaßen eher dem, was man heute als die von einem Nostalgieverein betriebene Bummelbahn bezeichnen würde als einem modernen Hochgeschwindigkeitszug. Der letzte deutsche Kaiser, Wilhelm II. (1859– 1941), glaubte an das Pferd als Fortbewegungsmittel: *„Das Automobil ist eine vorübergehende Erscheinung."* Auch Buchdruck, Dampfmaschine, Glühbirne, Telefon, Computer und Internet wurden mit großer Skepsis aufgenommen. Viele Experten warnten vor diesen neuen Errungenschaften. Wenn wir stets auf alle Bedenkenträger gehört hätten, säßen wir heute noch hungrig in einer feuchten und dunklen Höhle. Die Zitaten- und Anekdotensammlungen sind voll mit uns heute erheiternden Fehleinschätzungen von Amtsträgern, Führungskräften und Experten.

»Wer lacht in ein paar Jahren über unsere Beurteilungen, Fehlprognosen und vergebenen Chancen?«

Alles was denkbar ist, ist auch machbar! Noch nicht gleich, aber es ist machbar. Vielleicht müssen sich erst noch bestimmte Rahmenbedingungen ändern, neue Werkstoffe, Produktionsverfahren und Organisationsformen erfunden werden, aber es gilt immer der Grundsatz:

»Alles was denkbar ist, ist auch machbar!«

Dokumentierte und auch für Laien nachvollziehbare Beispiele dafür, welche zur jeweiligen Zeit schier unglaublichen Ideen Realität werden können, lieferte der französische Schriftsteller Jules Verne. Viele seiner zahlreichen Reise- und

Abenteuerromane beinhalten große Science-Fiction-Anteile. In seinem Buch *20.000 Meilen unter dem Meer* erzählte er die fantastische Geschichte von Kapitän Nemo und nahm schon 1869 die technische Entwicklung des Unterseebootes vorweg. Unterseeboote gab es zwar schon vor Erscheinen seines Buches, nur waren sie technisch noch kaum entwickelt. 1872 erschien sein Roman *Reise um die Erde in 80 Tagen*. Sie erinnern sich an das Buch oder die Verfilmung – der reiche englische Gentleman Phileas Fogg wettet mit anderen Mitgliedern des Reform Club in London, dass es ihm gelingen würde, in 80 Tagen um die Welt zu reisen. Was damals unmöglich schien, ist längst in Bruchteilen der Zeit möglich. Jules Verne stand in Kontakt mit Forschern und Erfindern, die seine Kenntnisse erweiterten, ihn fachlich berieten und ihm Impulse und Ideen gaben. Mit seinem Roman *Von der Erde zum Mond* sagte er bereits 1865 viele Einzelheiten der ersten echten Mondfahrt, die erst um die hundert Jahre später stattfand, erstaunlich genau voraus.

Jules Verne war kein Autor von Sachbüchern, er schrieb hauptsächlich Romane. Trotzdem reizten besonders die Romane mit hohem Science-Fiction-Anteil seine Zeitgenossen zu Widerspruch und Karikaturen. Auch Sie werden – je nachdem wie weit Ihre Ideen sich außerhalb des Horizonts Ihres Umfelds bewegen und je nachdem wie Ihr Status innerhalb der Organisation ist – kritisches Feedback bekommen. Es wird Wind oder sogar Sturm aufkommen. Und seien Sie sicher, nur ganz, ganz selten wird es Rückenwind sein. Die Reaktionen können von Unterstützungsangeboten, über konstruktive Hinweise bis hin zu Geläster, Nörgeleien, Widerstand oder gar offenen Boykott- oder Kampfansagen alles sein. Jede Veränderung wird von Kommentaren begleitet. Besonders am Anfang, also wenn Sie Ihre Idee vorstellen oder Ihr innovatives Konzept präsentieren, sind die Großteile der Feedbacks, die gegen Ihre Idee regelrecht abgeschossen werden, sogenannte Ideenkiller. Häufig gleicht das einer Automation der Kommunikation. Reflexartig kommt auf jede Idee eine Standardantwort. Sie wissen genau, was ich meine. Wir alle kennen diese „Argumente". Und, seien Sie ehrlich: Sicher haben auch Sie schon die eine oder andere gute Idee niedergebügelt. Ich jedenfalls ertappe mich manchmal dabei, nachdem ich vorschnell einen Ideenkiller ausgesprochen habe.

Seien Sie auf der Hut, wappnen Sie sich gegen den Angriff auf Ihre Ideen. Tragen Sie dazu bei, dass in Ihrem Unternehmen eine offene Innovationskultur herrscht. Helfen Sie in einer ersten Sofortmaßnahme mit, dass der Einsatz von Ideenkillern in Ihrem Unternehmen geächtet wird. Zeigen Sie jedem, der Ideenkiller verwendet, die Gelbe Karte.

Das ist ernst gemeint. Wer tatsächlich Ideen will, muss auch dafür sorgen, dass neue Lösungen eine faire Chance bekommen und nicht schon im Frühstadium abgewürgt werden.

Wie so eine Gelbe Karte in Ihrem Unternehmen aussehen könnte, wäre doch gleich mal eine kreative Aufgabe. Schicken Sie mir bitte Ihre Ergebnisse.

Wenn Sie Ideenkiller an den Pranger stellen, fördert das die Innovationskultur. Gelb bringt Geld!

Im Anhang finden Sie ab Seite 272 im Kapitel *Ideenkiller. Verbale Keulen, um Ideen abzuwürgen!*, eine große Auswahl an Killerphrasen, die Innovationen blockieren oder im schlechtesten Fall verhindern! Jeder Mensch und jede Organisation haben ihre eigenen Favoriten. Sorgen Sie in Ihrem Unternehmen dafür, dass nicht vorschnell besprochen wird, warum eine Idee nicht realisiert werden kann, sondern fragen Sie: WIE könnte die Idee realisiert werden? – Genau damit beginnen Sie, die Ideenkultur in Ihrem Umfeld zu verbessern und dabei wünsche ich Ihnen viel Erfolg!

365 Zitate zum Thema

Nicht zu Ende Gedachtes beansprucht viele Wörter. Gedanken, Ideen, Weisheiten, aber auch Einsichten auf das Wesentliche zu komprimieren und in knappster Form zum Ausdruck bringen, ist eine Kunst. Kein Wunder also, dass gute Sprüche, Zitate und Aphorismen über Jahrhunderte nichts von ihrer Gültigkeit einbüßen. Man bedient sich ihrer gern, um anderen oder auch sich selbst etwas zu verdeutlichen. Die Auswahl eines Zitates und ganz besonders das Zusammenstellen von Zitatensammlungen zeigt immer eine persönliche Handschrift. Die folgende trägt meine.

Geflügelte Worte sind Weisheiten mit enormer Verdichtung. Nutzen Sie diese Ressourcen. Schon Theodor Fontane wusste: „Ein guter Spruch ist die Wahrheit eines ganzen Buches in einem einzigen Satz."

Mir ist wichtig, Sie nach der Fülle toller Ideen, wie Ihr Unternehmen Top-Bewerber magnetisch anzieht, zum Handeln zu bringen. Die Ideen können nur Impulse für Ihre persönliche und unternehmerische Zukunft geben, mehr nicht. Sie müssen zusätzlich etwas TUN. Das ist es! Es genügt nicht, auf der Zuschauerbank zu sitzen. Stehen Sie auf, bewegen Sie sich, begeistern Sie andere, gewinnen Sie Verbündete. Zuschauen bringt Sie nicht voran. Werden Sie Spieler. Und zwar nicht in der Kreisklasse, sondern in der Champions League. Auf dem Weg dorthin müssen Sie viele Hindernisse überwinden. Die Zitate auf den folgenden Seiten helfen Ihnen, regen Sie an, machen Sie immun gegen Schlaumeier und Ideenkiller, aktivieren Sie und verleihen Ihnen bei der Umsetzung im besten Fall Flügel. Und genau das wünsche ich Ihnen!

Stillstand, StandPUNKT, Blickwinkel, Ausreden

„Der Wechsel allein ist das Beständige", war sich Arthur Schopenhauer sicher. Die Erkenntnis ist allerdings über zweitausend Jahre älter. Die Formel *„Panta rhei" – „Alles fließt"* geht auf den griechischen Philosophen Heraklit zurück, der um 540 v. Chr. geboren wurde. Doch haben wir diese Erkenntnis wirklich verinnerlicht? – Und handeln wir entsprechend? – Die meisten von uns sicher nicht. Veränderungen werden als unangenehm wahrgenommen. Wir kleben am Alten und neigen dazu, längst Überholtes, so lange es nur geht, als Bewährtes zu verteidigen. Wir wollen einfach nicht wahrhaben, dass Stillstand Rückschritt bedeutet.

Was tun wir, wenn der Wind der Veränderung immer stärker weht? – Viele jammern, wenige packen an. In turbulenten Zeiten lassen sich Unternehmer von Mitläufern und Unterlassern besonders leicht unterscheiden. Veränderungen sind im ersten Moment unbequem – da sind die Ausreden, warum alles beim Alten bleiben soll, fantasievoller als die Vorschläge, wie auf veränderte Rahmenbedingungen reagiert werden kann. Wer die Asche bewahrt und nicht das Feuer, hat Tradition falsch verstanden.

1 Wenn dein Pferd tot ist, steig ab!
   Unbekannter Autor – meist den Indianern vom Volk der Dakotas (Stamm d. Sioux) zugeschrieben

2 Die Frage ist nicht, was man betrachtet, sondern was man sieht.
   Henry David Thoreau

3 Standpunkte sind Ruhestätten der Wissbegierde.
   Alexander Eilers

4 Wenn 50 Millionen Menschen etwas Dummes sagen,
  bleibt es trotzdem eine Dummheit.
  Anatole France

5 Um Anstöße zu geben, muss man anstößig sein.
  Kurt Weidemann

6 Es sind die Fantasten, die die Welt in Atem halten.
  Nicht die Erbsenzähler.
  Erich von Däniken

7 Der Sture macht seinen Standpunkt zum Ausrufezeichen.
  Klaus Klages

8 Lasst uns doch Ausreden!
  Lothar Bölck

9 Solange wir alles nur von unserem Standpunkt aus betrachten,
  werden wir die Wahrheit nie erkennen.
  Swami Vivekânanda

10 Wenn es auf dieser Welt nur so viele gute Taten wie gute Ausreden gäbe,
   wäre diese Welt vollkommen.
   Lisz Hirn

11 Jede Innovation ist zuerst eine Provokation!
   Helmut Esslinger

Einsichten, Erkenntnisse, Entscheidungen

Die Einsicht kommt vor dem Willen zur Veränderung. Und vor der Einsicht Klarheit, Durchblick und Verständnis. Erst, wenn wir die Situation genau erkannt, geistig erfasst und sachlich richtig begriffen haben, können wir Konsequenzen daraus ziehen. Das sollten wir einsehen.

12 Hinter dem eigenen Horizont geht es noch weiter.
   Frank Bindel

13 Zukunft ist kein Schicksalsschlag,
   sondern die Folge der Entscheidungen, die wir heute treffen.
   Franz Alt

14 Die Zukunft versteht man nur, wenn man mit Geschrei, Gejammer
   und dem Übertragen der Verantwortung an Andere aufhört.
   Matthias Horx

15 Fortschritt ist erst möglich,
   wenn wir intelligent gegen die Regeln verstoßen.
   Anja Förster & Peter Kreuz

16 Was bleibt, ist die Veränderung; was sich verändert, bleibt.
   Michael Richter

17 Ich gehe für meine Ideen durch die Hölle.
   Ibrahim Evsan

18 Es gehört mehr Mut dazu seine Meinung zu ändern,
als ihr treu zu bleiben.
Friedrich Hebbel

19 Das ist doch ein Ding der Möglichkeit.
Axel Haitzer

20 Ein Vorsprung neigt dazu, sich abzunutzen.
Michael Marie Jung

21 Nicht gegen, sondern für etwas zu sein, verdeutlicht den Weg zur Lösung.
Else Pannek

22 Der Mensch ist mit nichts auf der Welt zufrieden,
außer mit seinem Verstand;
je weniger er hat, desto zufriedener.
August von Kotzebue

23 Was ist die Mehrheit? Mehrheit ist der Unsinn!
Verstand ist stets bei wenigen nur gewesen.
Friedrich Schiller

24 Ihr müsst auf Innovationen und Menschen setzen!
Ferdinand von Steinbeis

25 Sicher ist, dass nichts sicher ist. Selbst das nicht.
Joachim Ringelnatz

26 Life ist a mountain – not a beach.
    Unbekannter Autor

27 Wir können die Zukunft nicht komplett voraussehen,
    aber wir können unsere Organisationen, Denkweisen,
    Systeme „evolutionstauglicher" gestalten.
    Matthias Horx

Wunsch, Ziel, Vision

Ohne Vision oder zumindest ein Ziel wissen wir nicht, wo's langgeht. Ohne Wollen fangen wir nicht an. Ziele und Visionen sind für uns Wegweiser und Ansporn zugleich. Sie geben unserem Tun erst einen Sinn. Wer sich ernsthaft ein konkretes Ziel setzt, tut sehr viel dafür, es auch zu erreichen. Das gilt auch für Teams.

Wenn Sie eine Vision für sich, Ihr Team oder Ihr Unternehmen entwickeln, denken Sie groß, entwerfen Sie eine Vision, die diesen Namen verdient, und kein Visiönchen. Zu Beginn erscheint eine Vision unerreichbar. Wer sich nicht traut, Visionär zu sein, der sollte sich lieber auf die Formulierung von Zielen konzentrieren. Auch Ziele können motivieren.

Visionäre entwickeln eine Vision, die bei allen Beteiligten Sehnsucht weckt. Um dies zu erreichen, darf die Vision nicht einfach vorgegeben werden. Wenn Sie wollen, dass alle Beteiligten Ihre Vision mit Leben füllen und die darunterliegenden Ziele mit aller Energie verfolgen, müssen Sie sie an der Entstehung der Vision und der Ziele beteiligen.

Organisationen, die keine attraktive Vision haben, die sich keine neuen Ziele setzen, tun sich schwer, Top-Bewerber anzuziehen. Die besten Kandidaten arbeiten nicht bei den langweiligsten Firmen.

28 Ein Ziel zu haben ist die größte Triebkraft im Leben eines Menschen.
    Viktor Emil Frankl

29 Um ein Geschäft erfolgreich zu führen, braucht der Mensch
    Vorstellungskraft. Er muss die Dinge wie in einer Vision sehen,
    wie in einen Traum des Ganzen.
    Charles M. Schwab

30 Alles, was ein Mensch sich vorstellen kann,
werden andere Menschen verwirklichen.
Jules Verne

31 Je klarer die Zielvorstellung, desto klarer der Erfolg.
Vera F. Birkenbihl

32 Wer nicht das Unmögliche wagt, wird das Mögliche niemals erreichen.
Michail Alexandrowitsch Bakunin

33 Dem Traum folgen und nochmals dem Traum folgen
und so ununterbrochen – bis zum Ende.
Joseph Conrad

34 Vision ist die Kunst, Unsichtbares zu sehen.
Jonathan Swift

35 Für eine wahre Vision gäbe ich allen Reichtum der Welt hin
und alle Taten der Großen.
Henry David Thoreau

36 Wer keine Vision hat, vermag weder große Hoffnung zu erfüllen,
noch große Vorhaben zu verwirklichen.
Thomas Woodrow Wilson

37 Das große Ziel des Lebens ist zu sein, wer wir sind,
und zu werden, wozu wir fähig sind.
Jörg Löhr

38 Wir alle schreiten durch die Gasse,
    aber einige wenige blicken zu den Sternen auf.
    Oscar Wilde

39 Zwei Buchstaben verändern alles. Unmöglich? Möglich!
    Axel Haitzer

40 Mach keine kleinen Pläne. Sie haben nicht den Zauber,
    das Blut der Menschen in Wallung zu bringen.
    Sie werden nicht realisiert. Mach große Pläne,
    setze Dir hoffnungsvoll die höchsten Ziele – und arbeite.
    Daniel Hudson Burnham

VORdenken, Geistesblitze, Kreativität, Neues

Denken Sie das Undenkbare. Denken Sie vor, kreuz und quer, über, schnell, weiter, höher, das Gegenteil, nur um Himmelswillen, denken Sie nicht nach. Sie brauchen neue Ideen und die finden Sie nicht in der Vergangenheit. Stellen Sie sich und anderen unbequeme Fragen, suchen Sie ständig nach besseren Lösungen.

41 Klammere dich nicht an das Problem, wenn du die Lösung suchst.
Michael Marie Jung

42 Es ist wirklich erstaunlich, was einem alles so einfällt,
wenn man am Schreibtisch sitzt und keine Einfälle hat.
Joseph Conrad

43 Kreativität ist nichts anderes, als die Fähigkeit, Dinge,
die nichts miteinander zu tun haben, zu kombinieren.
Dazu gehört die Fähigkeit, Dinge völlig unvoreingenommen
zu betrachten und sich vom Korsett herkömmlicher
Denkstrukturen zu lösen.
Ida Fleiß

44 Jetzt ist VORdenken gefragt, denn NACHdenken bringt Sie nicht weiter.
Axel Haitzer

45 Wenn Sie nichts Neues haben, verschwinden Sie.
Das war schon immer so, aber es geht jetzt schneller.
Helmut Esslinger

46 Auch eine schwere Tür hat nur einen kleinen Schlüssel nötig.
   Charles Dickens

47 Denken ist die gerechte Strafe für Leute ohne Ideen.
   Billy, eigentlich Walter Fürst

48 Auch ein Geistesblitz kann am falschen Ort einschlagen.
   Brigitte Fuchs

49 Hebt man den Blick, so sieht man keine Grenzen.
   Japanisches Sprichwort

50 Wann haben Sie sich das letzte Mal
   mit ein paar neuen Gedanken überrascht?
   Axel Haitzer

51 Kinder müssen wir werden, wenn wir das Beste erreichen wollen.
   Phillip Otto Runge

52 Der Kopf ist rund, damit das Denken die Richtung ändern kann.[19]
   Francis Picabia

---

19 Bitte beachten Sie die zusätzlichen Quellenangaben auf Seite 281.

Innovationshemmnisse, Ideenkiller

Ideen zu haben ist eine Sache, seine Mitmenschen dafür zu begeistern eine andere. Wer in Unternehmen und Organisationen Veränderungen initiieren und umsetzen will, steht in aller Regel vor einer anspruchsvollen Aufgabe. Im Kapitel Innovationshemmnisse auf Seite 174 haben wir darüber gesprochen, mit welchen Ideenkillern Sie rechnen können, also welche verbalen Keulen gegen Sie geschwungen werden. Innovationen vorzubereiten und einzuführen ist vergleichsweise einfach; die Herausforderung besteht jedoch darin, die Menschen in Ihrer Organisation für die damit einhergehenden Veränderungen zu begeistern – dann, und nur dann können die Innovationen erfolgreich eingeführt, angewandt und beibehalten werden.

53 An Ideen fehlt es nicht, aber an Männern, sie auszuführen!
Honoré de Balzac

54 Eine falsche Ansicht zu widerrufen erfordert mehr Charakter,
als sie zu verteidigen.
Arthur Schopenhauer

55 Um Erfolg zu haben, musst du eine ungeheure Ausdauer besitzen.
Swami Vivekânanda

56 Viele schieben lieber auf als an.
Axel Haitzer

57 Der goldene Mittelweg verläuft mit Vorliebe im Sande.
Prentice Mulford

58 Es ist nicht entscheidend, was ich sage,
sondern was der andere hört.
Vera F. Birkenbihl

59 Viele verfolgen hartnäckig den Weg, den sie gewählt haben,
aber nur wenige das Ziel.
Friedrich Nietzsche

60 Die öffentliche Meinung ist eine Ansicht, der es an Einsicht mangelt.
Arthur Schopenhauer

61 Man zog an einem Strang, aber in unterschiedliche Richtungen.
Alexander Eilers

62 Zu viel Abstimmung drückt auf die Stimmung
und verwässert Ideen und Absichten.
Kurt Weidemann

63 Die Gewohnheit unterdrückt mehr Revolutionen,
als alle bewaffneten Mächte zusammen.
Emanuel Wertheimer

64 Der Versuch, Kreativität zu managen, entspricht dem Versuch, die Menge
zu erntender Zitronen durch den Einsatz besserer Pressen zu steigern.
Peter Kruse

65 Einer neuen Wahrheit ist nichts schädlicher als ein alter Irrtum.
Johann Wolfgang von Goethe

66 Befreie dich von der falschen Meinung,
und du befreist dich vom Übel.
Epiktet

67 Man fordert: „Wir bilden einen Ausschuss!" Das Wort sagt schon alles.
Die addierten Erkenntnisse der Gremien ergeben zwar eine Summe,
aber noch kein Bild und schon gar keine Haltung.
Kurt Weidemann

68 Veränderungen machen uns vor allen Dingen deshalb Angst,
weil sie uns dazu zwingen, uns aus der Hängematte
der Gewohnheit herauszubegeben.
Helga Schäferling

69 Klar nennt man Ideen, die dasselbe Maß an Verwirrung haben
wie unser eigener Geist.
Marcel Proust

70 Leute, die am höchsten stehn,
Müssten auch am weitesten sehn.
Wenn's in solcher Wolkensphäre
Nur nicht oft so neblig wäre!
Ludwig Fulda

71 Das Dogma ist nichts anderes als ein ausdrückliches Verbot zu denken.
Ludwig Feuerbach

72 Die Schwierigkeiten wachsen, je näher man ans Ziel kommt.
Alfred Nobel

73   Wer seine Meinung nie zurückzieht,
liebt sich selbst mehr als die Wahrheit.

Joseph Joubert

74   Keine große Idee wurde jemals in einer Konferenz geboren,
aber eine Menge tollkühner Ideen sind dort gestorben.

F. Scott Fitzgerald

75   Lass dir von keinem Fachmann imponieren, der dir erzählt:
„Lieber Freund, das mache ich schon seit zwanzig Jahren so!"
– Man kann eine Sache auch zwanzig Jahre lang falsch machen.

Kurt Tucholsky

76   Gedacht ist nicht gesagt,
    gesagt ist nicht gehört,
      gehört ist nicht verstanden,
        verstanden ist nicht gewollt,
          gewollt ist nicht gekonnt,
            gewollt und gekonnt ist nicht angewandt,
              angewandt ist nicht beibehalten.

In Anlehnung an Konrad Lorenz, dem das folgende Zitat zugeschrieben wird: „Gedacht heißt nicht immer gesagt, gesagt heißt nicht immer richtig gehört, gehört heißt nicht immer richtig verstanden, verstanden heißt nicht immer einverstanden, einverstanden heißt nicht immer angewendet, angewendet heißt noch lange nicht beibehalten." – Der Grundgedanke hierzu taucht schon bei Johann Wolfgang von Goethe in Wilhelm Meisters Wanderjahre auf »Es ist nicht genug, zu wissen, man muss auch anwenden. Es ist nicht genug, zu wollen, man muss auch tun!«

77   Wir können nicht etwas besonderes schaffen,
indem wir die Besonderheiten anderer kopieren.

Anja Förster & Peter Kreuz

78   Wer einen neuen Weg gehen will, muss den alten Weg verlassen.
     Axel Haitzer

79   In der Wissensgesellschaft ist nicht das Wissen das Problem,
     sondern das Ent-Lernen alter Gewiss- und Gewohnheiten.
     Matthias Horx

80   Haben Sie noch nie bemerkt, dass bei jedem Gedanken,
     wenn man ihn zu Ende denkt, das Gegenteil herauskommt?
     Henrik Ibsen

Meinungen, Schlaumeier, Feedback, Urteil, Selektion

Wer sich bewegt, wer Veränderungen vorantreibt, wer sich und Unternehmen entwickelt, muss sich zwangsläufig mit Kritik auseinandersetzen. Kritik kann verletzend sein. Kein Wunder, dass Kritik häufig als etwas Unangenehmes erlebt wird – am liebsten möchte man sie vermeiden. Wer kritisiert wird, geht häufig in die Defensive oder greift andere an. Das erleichtert die Kommunikation nicht gerade. Eigentlich sollte es zum Repertoire von uns allen gehören, professionell mit Kritik umzugehen. Der Kritik könnten wir dann selbstbewusster begegnen und wir könnten auf den Gesprächspartner konstruktiv eingehen. Kritikfähigkeit gilt als eine positive Eigenschaft und Sie können sie trainieren.

Freuen Sie sich auf Kritik, denn Sie können absolut sicher sein, dass Ihre Idee nicht besonders gut ist, wenn sie nicht polarisiert und sie nicht zu kritischen Fragen und Kommentaren reizt. Sie wissen auch, dass Veränderungsprozesse bei vielen Beteiligten Unsicherheit oder sogar Angst hervorrufen.

Jede Kritik ist eine Rückkopplung und beinhaltet immer eine Chance, etwas dazuzulernen. Hören Sie aktiv zu. Fragen Sie nach, was genau der andere meint. Fragen Sie nach, was der andere wirklich möchte. Orten Sie Vorwände und entkräften Sie echte Einwände. Und nehmen Sie sachliche Kritik nicht persönlich.

81 Menschen mit einer neuen Idee gelten solange als Spinner,
   bis sich die Sache durchgesetzt hat.
   Mark Twain

82 Niemand urteilt schärfer als der Ungebildete.
   Er kennt weder Gründe noch Gegengründe
   und glaubt sich immer im Recht.
   Anselm Feuerbach

83 Die Meinungen der Menschen sind wie der Kinder Spielzeuge.
    Heraklit

84 Diskussionen sind ein beliebter Zeitvertreib zur Selbstdarstellung.
    Erhard H. Bellermann

85 Der letzte Beweis von Größe liegt darin, Kritik ohne Groll zu ertragen.
    Victor Hugo

86 In dem Maße, wie der Wille und die Fähigkeit zur Selbstkritik steigen,
    hebt sich auch das Niveau der Kritik am andern.
    Christian Morgenstern

87 Es ist verblüffend, wie wenig man weiß
    und wie sehr man trotzdem auf seine eigene Meinung hält.
    Lisz Hirn

88 Bei jeder Konferenz, an der ich teilnahm, taten sich diejenigen am
    meisten mit Vorschlägen hervor, die hinterher keinen Finger rührten.
    Ernst Probst

89 Beleidigungen sind die Argumente jener,
    die über keine Argumente verfügen.
    Jean-Jacques Rousseau

90 Wie man andere in Widersprüche verwickelt?
    Einfach ausreden lassen.
    Alexander Eilers

91 Jemanden so klein mit Hut machen | In keinen alten Schuh mehr passen | Kein gutes Haar mehr an jemandem lassen | Ein Machtwort sprechen | Alles Makulatur | Jemandem den Kopf waschen | Das Leben ist kein Wunschkonzert | Wehret den Anfängen | Irren ist menschlich | Ordentlich die Leviten lesen | Mein lieber Freund und Kupferstecher | Abwarten und Teetrinken | So schnell schießen die Preußen nicht | Gut Ding will Weile haben | Die Letzen werden die Ersten sein | Das ist mir zu hoch | Erst denken, dann handeln! | Mit gespaltener Zunge reden | Wissen, wie der Hase läuft | Die Weisheit mit dem Löffel gefressen haben | Das ist ein Buch mit sieben Siegeln. | Wenn der Narr schweigt, so wird er weise. | Grau, mein Freund ist alle Theorie. | Nie sollst du mich befragen ... | Jede Medaille hat zwei Seiten. | Jenseits von Gut und Böse | Zu schön, um wahr zu sein! | Auch das geht vorüber. | Träume sind Schäume! | Schuster bleib bei deinen Leisten! | Jemanden ins Gehege kommen | Frechheit siegt! | Baden gehen | Jemanden fallen lassen wie eine heiße Kartoffel | Das ist Zukunftsmusik! | Den Vogel abschießen | Nicht mit Gold aufzuwiegen sein | Mit beiden Beinen im Leben stehen | Es gibt Dinge zwischen Himmel und Erde, die unsere Schulweisheit sich nicht träumen lässt. | Rosinen im Kopf haben | Das Gras wachsen hören | Mit dem Feuer spielen | Aus der Luft gegriffen | Nichts Neues unter der Sonne | Alles zu seiner Zeit! | Olle Kamellen | Grünes Licht geben |
Sprichwörter aus Deutschland

92 Manche Menschen haben zu allem nichts zu sagen.
Helga Schäferling

93 Einfall oder Abfall?
Jean Etienne Aebi

94 Von den Schlechten verlacht zu werden ist fast schon ein Lob.
Erasmus Desiderius von Rotterdam

95 Eine mittelmäßige Idee, die Begeisterung erzeugt, kommt weiter als eine erstklassige Idee, die niemanden anspricht.[20]
Mary Kay Ash

96 Manche Menschen hinterlassen einen Brandfleck, andere Licht.
Peter Feichtinger

97 Auch Schlafen ist eine Form der Kritik, vor allem in Strategiemeetings.
Anja Förster & Peter Kreuz

98 Ehe man den Kopf schüttelt, vergewissere man sich, ob man einen hat.
Truman Capote

20 Bitte beachten Sie die zusätzlichen Quellenangaben auf Seite 281.

Handeln, Umsetzen, Tun

Es ist besser, unvollkommen zu beginnen als perfekt zu zögern. Legen Sie los, setzen Sie alle Ideen, die Sie inspirieren und die zu Ihrer Organisation passen schnell um. Ausreden lasse ich nicht gelten.

99 Das beste Später ist jetzt.
    Paul Mommertz

100 „Keine Zeit" – gibt es nicht.
     Nur andere Prioritäten.
     Michael A. Denck

101 Nichts widersteht, Berge fallen und Meere weichen
     vor einer Persönlichkeit, die handelt.
     Émile Zola

102 Reden bewegt den Mund, Handeln die Welt.
     Jutta Metzler

103 Sobald entschieden ist, dass etwas gemacht werden kann und soll,
     werden wir auch einen Weg dazu finden.
     Abraham Lincoln

104 Glaube nicht, es muss so sein, weil es so ist und immer so war.
     Unmöglichkeiten sind Ausflüchte steriler Gehirne. Schaffe Möglichkeiten.
     Hedwig Dohm

105 Rede nicht, geh! Dann kommt das Ziel auf dich zu.
Michael Marie Jung

106 Der Einfall ersetzt nicht die Arbeit.
Max Weber

107 Säume nicht,
Träume nicht,
Wandle!

Frage nicht,
Klage nicht,
Handle!
Julius Langbehn

108 Fehlt's am Winde, so greif' zum Ruder.
Deutsches Sprichwort

109 Wenn später einmal, warum nicht jetzt?
Und wenn nicht jetzt, wie später dann einmal?
Augustinus von Hippo

110 Vergib ihnen, denn sie tun nicht, was sie wissen.
In Anlehnung an „Vater, vergib ihnen, denn sie wissen nicht, was sie tun." (Lk 23, 34)
Alexander Munke

111 Der eine wartet, dass die Zeit sich wandelt,
der andere packt sie kräftig an und handelt.
Dante Alighieri

112 Der Mann, der den Berg abtrug,
war derselbe, der damit angefangen hatte,
kleine Steine wegzutragen.
Aus China

113 Ich hatte nicht nur den Ehrgeiz,
weiter zu gehen als jeder Mensch je zuvor,
sondern so weit es für einen Menschen überhaupt möglich war.
Joseph Conrad

114 Tun wir etwas?
Oder machen wir ein Konzept?
Walter Ludin

115 Die Fähigkeit, Ideen in Taten umzusetzen,
ist das Geheimnis des äußeren Erfolgs.
Henry Ward Beecher

116 Wer nicht läuft, gelangt nie ans Ziel!
Johann Gottfried von Herder

117 Habe keine Angst, das Gute aufzugeben,
um das Großartige zu erreichen.
John Davison Rockefeller

118 Ab und zu sollten wir auch jene,
die nichts Gutes an uns finden,
maßlos enttäuschen.
Ernst Ferstl

119 Wege entstehen dadurch, dass man sie geht.
Franz Kafka

120 Nicht starke Mittel, sondern starke Geister ändern die Welt.
Alexandre Dumas (der Jüngere)

121 Lieber fehlerhaft beginnen, als perfekt zögern.
Hans Peter Frei

122 Mach's einfach! Im doppelten Sinne.
Axel Haitzer

123 Die Leute, die niemals Zeit haben, tun am wenigsten.
Georg Christoph Lichtenberg

124 Handeln schafft mehr Vermögen als Vorsicht.
Luc de Vauvenargues

125 Das große Ziel des Lebens ist nicht Wissen, sondern Handeln.
Thomas Henry Huxley

126 Untätigkeit bewahrt nicht, sie schadet.
Else Pannek

127 Was immer du tun kannst, oder träumst es tun zu können,
fang damit an! Mut hat Genie, Kraft und Zauber in sich.
Johann Wolfgang von Goethe

Irrtümer, Fehler, Pannen

Fehler haben zu Unrecht ein extrem schlechtes Image. Wie gehen Sie mit Fehlern um – den Fehlern von Mitarbeitern oder Kollegen und Ihren eigenen? Die Fehlerkultur im Unternehmen spielt gerade im Rahmen von Veränderungsprozessen eine große Rolle. Die Fehlerkultur bezeichnet die Art und Weise, wie Sie mit Fehlern, Fehlerrisiken und den Folgen von Fehlern umgehen.

Wenn man für Fehler bestraft wird oder schief angesehen wird, wirkt sich das auf die Qualität der Ergebnisse, die Zusammenarbeit und auf die Innovationsfreude aus. Fehler werden dann unter den Tisch gekehrt oder gar anderen in die Schuhe geschoben – auf jeden Fall nicht rechtzeitig kommuniziert und behoben. Das kostet Zeit, Geld und Nerven und es behindert Veränderungen und Verbesserungen.

Natürlich darf eine offene Fehlerkultur nicht als Einladung zum Schlendrian verstanden werden. Wir alle möchten Fehler gerne vermeiden. Andererseits lassen sie sich schlicht und einfach nicht aus der Welt schaffen – Menschen machen nun mal Fehler. Und, wir sollten nicht vergessen: aus Fehlern wird man klug. Dazu ist allerdings erforderlich, sich nicht auf den Sündenbock zu konzentrieren, sondern alle Energie darauf zu lenken, wie der erkannte Fehler in Zukunft vermieden werden kann.

128 Ich betrachte jeden Misserfolg als eine Stufe zum Erfolg.
Inayat Khan

129 Wenn einer, der mit Mühe kaum
gekrochen ist auf einen Baum,
schon meint, dass er ein Vogel wär,
so irrt sich der.
Wilhelm Busch

130 Gehirn, das [Subst.],
Eine Vorrichtung, mit der wir denken, dass wir dächten.
Ambrose Bierce

131 Jeder Fehler hat eine Lehre eingebaut.
Vera F. Birkenbihl

132 Es gibt Dinge, die sind so falsch, dass noch nicht einmal
das absolute Gegenteil richtig ist.
Karl Kraus

133 Wenn weise Männer nicht irrten, müssten die Narren verzweifeln.
Johann Wolfgang von Goethe

134 Die besten Sachen schlecht ausgeführt, werden erst recht unerträglich.
Christoph Willibald Gluck

135 Mehrheiten schaffen keine Wahrheiten!
Heinz Eggert

136 Im Erfolg wird man zum Bewahrer, aber nicht zum Eroberer.
Thomas Bubendorfer

137 Je mehr Leute es sind, die eine Sache glauben,
desto größer ist die Wahrscheinlichkeit,
dass die Ansicht falsch ist.
Menschen, die recht haben, stehen meistens allein.
Søren Kierkegaard

138 Es sollte zu den Grundrechten des Menschen gehören,
Fehler machen zu dürfen.
Peter Feichtinger

139 Die Vorzüge von gestern sind oft die Fehler von morgen.
Anatol France

140 Scheitern ist nicht so schlimm. Schlimm ist, nichts versucht zu haben.
Heinz Eggert

141 Wiederholen ist tödlich. Deshalb ist Erfolg so gefährlich,
weil er Neues verhindert.
Thomas Bubendorfer

142 Verbringe die Zeit nicht mit der Suche nach einem Hindernis,
vielleicht ist keins da.
Franz Kafka

143 Die Wissenschaft besteht nur aus Irrtümern.
Aber diese muss man begehen.
Es sind die Schritte zur Wahrheit.
Jules Verne

144 Es gibt keine Sicherheit, nur verschiedene Grade der Unsicherheit.
Anton Pawlowitsch Tschechow

145 Wir gehorchen alle keinem Doktor, nur dem Doktor Schmerz.
Marcel Proust

146   Was heißt hier Fehler? – es wurde ein Weg gefunden,
      der nicht zum gewünschten Ergebnis führt.
      Axel Haitzer

147   Wenn Sie Ihre Idee nicht auf die Rückseite meiner Visitenkarte schreiben
      können, haben Sie kein klares Konzept.
      David Belasco

148   Wer motiviert und begeistert auf seine klaren Ziele zusteuert,
      der ist auch von Niederlagen nicht zu beeindrucken.
      Jörg Löhr

149   Einen Fehler, den man schon lange macht, beherrscht man perfekt.
      Michael Richter

150   lichtung.
      manche meinen lechts und rinks könne man nicht velwechsern.
      werch ein illtum![21]
      Ernst Jandl

---

21 Bitte beachten Sie die zusätzlichen Quellenangaben auf Seite 281.

Was Menschen motiviert, begeistert, ihnen Flügel verleiht

Der Begriff „motivieren" ist mit dem lateinischen Wort „movere" (deutsch = bewegen) verwandt. Wie „bewegt" nun ein Arbeitgeber seine Mitarbeiter? Eines ist klar, eine ungeliebte Arbeit bleibt eine ungeliebte Arbeit; egal, wie viel dafür bezahlt wird. Doch, wenn es nicht das Geld ist, wer und was motiviert dann die Menschen? Was bewegt Menschen, mit hohem Engagement mehr zu leisten? Wer oder was motiviert sie zu Höchstleistungen – verleiht ihnen förmlich Flügel? Oder ist es, bei genauer Betrachtung so, dass der Antrieb von innen kommt, jeder also selbst für seine Motivation verantwortlich ist?

151 Die besten Mitarbeiter sind nicht die zufriedenen,
     sondern die begeisterten.
     Hans-Jürgen Quadbeck-Seeger

152 Wer sich selbst anspornt, kommt weiter als der,
     welcher das beste Ross anspornt.
     Johann Heinrich Pestalozzi

153 Es ist ziemlich schwer zu sagen, was glücklich macht;
     Armut und Reichtum sind es beide nicht.
     Kin Hubbard

154 Freude ist jener Funke, der am besten zündet.
     Peter Feichtinger

155 Du kannst, wenn du denkst, dass du kannst.
     Horst. D. Zielke

156 Stelle niemanden ein, der deine Arbeit für Geld macht,
sondern einen, der sie aus Liebe macht.
Henry David Thoreau

157 Anerkennung braucht jedermann. Alle Eigenschaften können durch
tote Gleichgültigkeit der Umgebung zugrunde gerichtet werden.
Karl Immermann

158 Kein Mensch kann sich ohne sein Einverständnis wohl fühlen.
Mark Twain

159 Es gibt nichts auf der Welt, das einen Menschen so sehr befähigt,
äußere Schwierigkeiten oder innere Beschwerden zu überwinden,
– als: das Bewusstsein, eine Aufgabe im Leben zu haben.
Viktor Emil Frankl

160 Man kann ohne Liebe Holz hacken,
man kann aber nicht ohne Liebe mit Menschen umgehen.
Leo Tolstoi

161 Wer alle lobt, lobt keinen.
Samuel Johnson

162 Nichts ist so leicht, dass es nicht schwer wird, wenn man es ungern tut.
Terenz

163 Nichts macht den Menschen argwöhnischer, als wenig zu wissen.
Francis Bacon

164 Ihr könnt Menschen nicht auf Dauer helfen, wenn ihr für sie tut,
was sie selber für sich tun sollten und könnten.
Abraham Lincoln

165 Begeisterung ist keine Heringsware,
die man einpökelt auf einige Jahre.
Johann Wolfgang von Goethe

166 Nur wenn ich die Bedürfnisse meiner Mitmenschen kenne,
kann ich sie motivieren.
Vera F. Birkenbihl

167 Sinn kann nicht gegeben, sondern muss gefunden werden.
Viktor Emil Frankl

168 Die Menschen sind bereit, für Orden und bunte Bänder zu sterben.
Napoleon Bonaparte

169 Die beliebtesten Sprüche sind die Ansprüche.
Erhard H. Bellermann

170 Jeder Mensch will glücklich werden; das ist falsch.
Jeder Mensch soll glücklich machen; das ist richtig.
Karl May

171 Selig, wer sich vor seinen Untergebenen so respektvoll benimmt,
wie wenn er vor seinen Vorgesetzten stünde.
Franz von Assisi

172 Wie schwer ist's doch, zum Bauch zu sprechen, der keine Ohren hat!
Cato (der Ältere)

173 Nichts lockt die Fröhlichkeit mehr an als die Lebenslust.
Ernst Ferstl

174 Kräfte lassen sich nicht mitteilen, sondern nur wecken.
Ludwig Büchner

175 Wer die Menschen behandelt, wie sie sind, macht sie schlechter.
Wer die Menschen behandelt, als wären sie schon, wie sie sein sollten,
bringt sie genau dahin.
Johann Wolfgang von Goethe

176 Wer misstrauisch ist, begeht ein Unrecht gegen andere und schädigt sich
selbst. Wir haben die Pflicht, jeden Menschen für gut zu halten, solang er
uns nicht das Gegenteil beweist.
Ludwig Ganghofer

177 Wir brauchen mitreißende Vorbilder.
Horst-Eberhard Richter

178 Indem wir das Wohl anderer erstreben, fördern wir unser eigenes.
Platon

179 Wer auf andere Leute wirken will,
der muss erst einmal in ihrer Sprache mit ihnen reden.
Kurt Tucholsky

180 Verglichen mit dem, was wir sein könnten, sind wir nur halb wach.
Wir nützen nur einen kleinen Teil unserer physischen und geistigen Gaben.
Mit anderen Worten: Der Mensch lebt weit unter seinen Möglichkeiten.
Er verfügt über Kräfte verschiedenster Art, die er in den meisten Fällen
gar nicht mobilisiert.
William James

181 Das Leben an einem Ort ist erst dann schön,
wenn die Menschen ein gutes Verhältnis zueinander haben.
Konfuzius

182 Es ist erstaunlich, wie viel Kraft
auch noch der kleinste Erfolg haben kann.
Carl Philipp Gottfried von Clausewitz

183 Nix gschwäzt isch globt gnug.
[deutsch: Nichts gesagt ist genug gelobt.]
Schwäbische Redensart, die – so bedauerlich es ist – auch im Rest der Welt oft Anwendung findet.

184 Das sind die besten Führer, von denen – wenn sie ihre Aufgabe vollendet
haben – alle Menschen sagen: „Wir haben es selbst getan."
Lao Dse, auch Laozi oder Laotse

185 Wer Angst hat, denkt nicht, wer Angst hat, lernt nicht.
Horst-Eberhard Richter

186 Mit anderen kann man sich belehren, begeistert wird man nur allein.
Johann Wolfgang von Goethe

187 Motivation ist die Kunst, seine Mitarbeiter so schnell über den Tisch
zu ziehen, dass die dabei entstehende Reibungswärme als Nestwärme
empfunden wird.
Unbekannter Autor

188 Das größte Vergnügen, die größte Freude, Glückseligkeit,
und wie die Worte alle lauten, bleibt immer seine Kräfte
im höchsten Grad anzuwenden.
Johann Jakob Wilhelm Heinse

189 Es gibt kein Glück ohne den Glauben, dass wir es auch verdienen.
Joseph Joubert

190 Die Begeisterung ist das wahre Leben.
Jean-François Champollion

191 Man erreicht mehr mit einem freundlichen Blick, mit einem guten Wort
der Ermunterung, das Vertrauen einflößt, als mit vielen Vorwürfen.
Johannes Bosco, „Don Bosco" genannt

192 Manches Lob ist so schädlich wie eine Verleumdung.
Jean Paul

193 Wo ein Begeisterter steht, ist der Gipfel der Welt.
Joseph von Eichendorff

194 Geld bewirkt viel, ein kluges Wort kaum weniger.
Aus China

195 Nichts ist unter Ihrer Würde, wenn es Ihrem Lebensziel dient;
Nichts ist groß und wünschenswert, wenn es diesem Ziel nicht dient.
Ralph Waldo Emerson

196 Lachen und Lächeln sind Tor und Pforte,
durch die viel Gutes in den Menschen hineinhuschen kann.
Christian Morgenstern

197 Das Glück des Lebens besteht in der Abwechslung; die größte Mühseligkeit
selbst wird dadurch zum Vergnügen. Immerwährende einerleie Freude wird
bald Pein.
Johann Jakob Wilhelm Heinse

198 Gib einem Menschen alle Gaben dieser Erde
und nimm ihm die Fähigkeit zur Begeisterung,
und du verdammst ihn zum ewigen Tod.
Adolf von Wilbrandt

199 Wenn jemandem vertraut wird, ist das ein größeres Kompliment,
als geliebt zu werden.
George MacDonald

200 Ohne sieben Feiertage in der Woche
wird man uns nie ganz zufrieden stellen.
Emanuel Wertheimer

201 Hat man sein WARUM des Lebens,
so verträgt man sich fast mit jedem WIE.
Friedrich Nietzsche

202 Nichts spornt mich mehr an als die drei Worte: Das geht nicht.
Wenn ich das höre, tue ich alles, um das Unmögliche möglich zu machen.
Harald Zindler

203 Keine Erfindung, keine Gewalt der Welt hat das getan,
was Begeisterung vollbrachte.
Peter Rosegger

204 Wessen wir am meisten im Leben bedürfen ist jemand,
der uns dazu bringt, das zu tun, wozu wir fähig sind.
Ralph Waldo Emerson

205 Wenn man eine Arbeit mag, dann ist es keine Arbeit.
Anders Jonas Ångström

206 Alles Gute auf der Welt geschieht nur, wenn einer mehr tut, als er tun muss.
Hermann Gmeiner

207 Es ist ein alter Fehler, die Motive unserer Handlungen im Kopf,
statt im Herzen zu suchen.
August Wilhelm Grube

208 Zu überzeugen, fällt keinem Überzeugten schwer.
Friedrich von Schiller

209 Wenn wir alles täten, wozu wir imstande sind,
würden wir uns wahrlich in Erstaunen versetzen!
Thomas A. Edison

210 Jeder Arbeitgeber sollte sich fragen, warum Menschen sich
in einem Sportverein schinden und dafür noch Beitrag bezahlen.
Peter Hohl

211 Es ist ein Imperativ, dass die Menschen von
allen Seiten angeregt werden müssen.
Friedrich Schleiermacher

212 Es ist ein großer Unterschied, ob ich etwas weiß, oder ob ich es liebe,
ob ich es verstehe, oder ob ich nach ihm strebe.
Francesco Petrarca

213 Nur für etwas, das dich wirklich bewegt,
kannst du wirklich etwas bewegen.
KarlHeinz Karius

214 Die Leute schreien immer soviel jetzt, die Welt wäre so schlecht.
Das kann ich gar nicht finden. Wenn man nur selbst immer recht gut zu
den Menschen ist, da findet man auch welche, die es wieder sind.
Heinrich Seidel

215 Ein Unternehmen, das Mitarbeiter entlässt,
verändert auch die Einstellung der Mitarbeiter, die bleiben.
Hans-Jürgen Quadbeck-Seeger

216 Unser Glück liegt nicht in den Dingen, sondern in deren Bewertung durch
uns; und der Besitz dessen macht glücklich, was wir lieben, nicht dessen,
was andere liebenswert finden.
François de La Rochefoucauld

217 Es ist viel wertvoller, stets den Respekt der Menschen als gelegentlich ihre Bewunderung zu haben.
Jean-Jacques Rousseau

218 Nur wer selbst brennt, kann in anderen Feuer entfachen.
Augustinus von Hippo

219 Wie oft verglimmen die gewaltigsten Kräfte, weil kein Wind sie anbläst!
Jeremias Gotthelf

220 Wer nicht aus Liebe zur Sache arbeitet, sondern nur des Geldes willen, der bekommt gar nichts: Weder Geld noch Glück.
Charles M. Schwab

221 Lachen lernt man nicht, lachen verlernt man.
Emanuel Wertheimer

222 Ein anderer hält auf Geld und Gut, ich liebe Kunst und freien Mut.
Simon Dach

223 Menschen kann man nicht auf Dauer mit Angst motivieren, sondern mit Zielen und persönlicher Anerkennung.
Karl Pilsl

224 Die heutigem Menschen glauben, dass man die Arbeit so einrichten müsse, dass sie möglichst viel Ertrag abwerfe. Das ist ein falscher Glaube. Man muss die Arbeit so einrichten, dass sie die Menschen beglückt.
Paul Ernst

225 Die Stimmung im Unternehmen ist wichtiger als Kapital und Wissen.
Helmut Weyh

226 Das Konzept, Menschen Geld vor die Nase zu halten, um sie zum
Arbeiten zu bewegen, ist kein Naturgesetz, sondern eine Wachstumsspirale.
Wir haben das so lange gemacht, dass wir vergessen haben, dass es auch
andere Wege gibt.
F. Scott Fitzgerald

227 Die Anerkennung, das Lob der anderen, stärkt unser Selbstwertgefühl. Es
gibt Schwung für neue Aktivitäten. Aber man muss auch selbst die Kraft in
sich haben, andere anzuerkennen. Und das sollte man öfter tun. Es macht
den Umgang untereinander leichter.
Aenne Burda

228 Der Mensch kann unendlich viel, wenn er die Faulheit abgeschüttelt hat
und sich vertraut, dass es ihm gelingen muss, was er ernstlich will.
Ernst Moritz Arndt

229 Ich brauche Ruhe und Heiterkeit der Umgebung
und vor allem Liebe, wenn ich arbeite.
Adalbert Stifter

230 Es genügt nicht, nur fleißig zu sein – das sind die Ameisen.
Die Frage ist vielmehr: wofür sind wir fleißig?
Henry David Thoreau

231 Wenn die Arbeit ein Vergnügen ist, wird das Leben zur Freude.
Maxim Gorki

232 Das ganze Glück des Menschen besteht darin,
bei anderen Achtung zu genießen.
Blaise Pascal

233 Der Schlüssel zum Herzen der Menschen wird nie unsere Klugheit,
sondern immer unsere Liebe sein.
Hermann von Bezzel

234 Vertrauen ist für alle Unternehmungen das große Betriebskapital,
ohne welches kein nützliches Werk auskommen kann.[22]
Albert Schweitzer

235 Glücklich machen ist das höchste Glück!
Aber auch dankbar empfangen können, ist ein Glück.
Theodor Fontane

236 Geschenke locken, heißt's, die Götter selbst.
Euripides

237 Nichts kann den Menschen mehr stärken als das Vertrauen,
das man ihm entgegenbringt.
Adolf von Harnack

238 Alles Motivieren ist Demotivieren. Belobigen, Belohnen, Bestechen,
Bedrohen, Bestrafen: Alles, was in Unternehmen an Tricks und Kniffen
zur Mitarbeiter-Motivation praktiziert wird, ist kontraproduktiv.
Reinhard K. Sprenger

---

22 Bitte beachten Sie die zusätzlichen Quellenangaben auf Seite 281.

239 Wer mit Güte nichts erreicht, erreicht auch nichts mit Strenge.
Anton Pawlowitsch Tschechow

240 Wir brauchen nicht mehr Kraft, mehr Talent oder mehr Gelegenheit.
Was wir brauchen, ist der Wille, zu nutzen, was wir besitzen.
Basil S. Walsh

241 Wer das Lob liebt, der muss auch den Grund dazu erwerben.
Xenophon

242 Gib den Menschen die Möglichkeit,
sich in deiner Gegenwart wichtig zu fühlen,
indem du ihnen sorgfältig zuhörst.
Karl Pilsl

243 Es gibt zwei Dinge, die sich die Menschen mehr wünschen als
Sex und Geld: Anerkennung und Lob.[23]
Mary Kay Ash

244 Freude kommt aus dem Willen, der sich abmüht,
Hindernisse überwindet, triumphiert.
William Butler Yeats

245 Wenn Sie etwas tun (Job), was Sie nicht mögen,
es aber dennoch tun, des Geldes wegen,
so nennt man das Prostitution.
Ullrich A. Ehrhardt

---

23 Bitte beachten Sie die zusätzlichen Quellenangaben auf Seite 281.

246 Die besten Köpfe arbeiten nicht bei den langweiligsten Firmen.
Anja Förster & Peter Kreuz

247 Gegen Angriffe kann man sich wehren, gegen Lob ist man machtlos.
Sigmund Freud

248 Wir behandeln unsere Mitarbeiter wie Könige. Wenn Sie die Menschen, die für Sie arbeiten, respektieren und ihnen helfen, werden Sie respektiert und Ihnen wird geholfen.[24]
Mary Kay Ash

249 Nichts wird langsamer vergessen als eine Beleidigung und nichts eher als eine Wohltat.
Martin Luther

250 In der Natur gibt es weder Belohnungen noch Strafen. Es gibt Folgen.
Robert G. Ingersoll

251 Arbeit macht Spaß oder krank. Wenn Sie Ihren Job nicht lieben, können Sie es sich nicht leisten, ihn zu behalten.
Reinhard K. Sprenger

252 Das Vertrauen ist eine zarte Pflanze. Ist es einmal zerstört, so kommt es so bald nicht wieder.
Otto von Bismarck

---

24 Bitte beachten Sie die zusätzlichen Quellenangaben auf Seite 281.

253 Außergewöhnliche Menschen gehen nicht ganz einfach zur Arbeit.
     Sie haben eine Mission.
     Karl Pilsl

254 Wer nicht vom Fliegen träumt, dem wachsen keine Flügel.
     Robert Lerch

255 Lass deine Taten sein, wie deine Worte und deine Worte wie dein Herz.
     Ludwig Uhland

256 Die Arbeit wird einen großen Teil Ihres Lebens einnehmen, und Sie
     werden nur gute Arbeit leisten können, wenn Sie Ihre Arbeit lieben.
     Also suchen Sie, bis Sie finden! Lassen Sie nie nach!
     Steve Jobs

Verleihen Sie Ihren Mitarbeitern Flügel!

Freude, Glück, Zufriedenheit

In welchem Verhältnis steht Glück zu Erfolg und Einkommen? Stößt einem Glück einfach zu? Viele Psychologen und Philosophen kommen zu dem Schluss, dass nicht der Erfolg glücklich macht, sondern die Glücklichen durch Erfolg belohnt werden. Dem Glücklichen scheint (fast immer) alles zu gelingen: Arbeit, Partnerschaft, Freundschaften und Gesundheit – eben einfach das ganze Leben. Glück ist nicht die Auswirkung von Erfolg, sondern die Ursache dafür. Erfolg und hohes Einkommen hat in aller Regel, wer glücklich ist. Nicht umgekehrt. Und glücklich sein muss man wollen. Man muss selbst etwas für sein Glück tun. Glücksgefühl hat sehr viel mehr mit Aktivität zu tun als mit Zufall. Dem Glücklichen, der handelt, glückt scheinbar alles – dies gilt neben den Glücksmomenten, also dem kurzfristigen Glücksempfinden, auch für das langfristige Lebensglück. Um zu erreichen, dass das eigene Leben glückt, müssen wir Menschen ständig an uns und unserer Existenz arbeiten. Glückauf!

257 Einen glücklichen Menschen zu finden ist besser als eine Fünfpfundnote.
     Er ist der Inbegriff strahlender Freundlichkeit,
     und wenn er den Raum betritt, so scheint es,
     als wäre noch ein Licht angezündet worden.
     Robert Louis Stevenson

258 Man kann nur wahrhaft glücklich sein,
     wenn man sein Glück im Glück der anderen sucht.
     Henri de Saint-Simon

259 Alle Bestrebungen sind umsonst, sich etwas zu geben,
     was nicht in uns liegt – und darüber verscherzt man den Genuss dessen,
     was man wirklich besitzt.
     Friedrich Schiller

260 Der echte Name für Glück ist Zufriedenheit.
Henri-Frédéric Amiel

261 Keine Leistung entschädigt für den Verlust an menschlichem Frohsinn.
Ralph Waldo Emerson

262 Ruhe und Befriedigung findet der Mensch nur in sich selbst,
nicht in äußeren Dingen.
Anton Pawlowitsch Tschechow

263 Das lebhafteste Vergnügen, das ein Mensch in der Welt haben kann ist,
neue Wahrheiten zu entdecken; das nächste von diesem ist,
alte Vorurteile loszuwerden.
Friedrich der Große, auch der Alte Fritz genannt

264 Wenn du einen Menschen glücklich machen willst,
dann füge nichts seinen Reichtum hinzu,
sondern nimm ihm einige von seinen Wünschen.
Epikur von Samos

265 Keine Pflicht wird so sehr vernachlässigt,
wie die Pflicht, glücklich und zufrieden zu sein.
Robert Louis Stevenson

266 Zufrieden sein ist große Kunst,
Zufrieden scheinen bloßer Dunst,
Zufrieden werden großes Glück,
Zufrieden bleiben Meisterstück.
Deutsches Sprichwort

267 Den Dingen geht der Geist voran; der Geist entscheidet:
Kommt aus getrübtem Geist dein Wort und dein Betragen.
So folgt dir Unheil, wie dem Zugtier folgt der Wagen.

Den Dingen geht der Geist voran; der Geist entscheidet:
Entspringen reinem Geist dein Wort und deine Taten,
folgt das Glück dir nach, unfehlbar wie dein Schatten.
Dhammapada (Deutsch: Sprüche zur Buddhalehre in Versen)

268 Glück ist nicht die Abwesenheit von Problemen,
sondern die Fähigkeit, mit ihnen umzugehen.
Ullrich A. Ehrhardt

269 Der Narr sucht das Glück in der Ferne;
dem Weisen wächst es unter seinen Füßen.
James Oppenheim

270 Das Glück ist das einzige, das sich verdoppelt, wenn man es teilt.[25]
Albert Schweitzer

271 Wer ständig glücklich sein möchte,
muss sich oft verändern.
Konfuzius

272 Wenn deine Grundsätze dich traurig machen,
verlass dich drauf: Sie sind falsch.
Robert Louis Stevenson

---

25 Bitte beachten Sie die zusätzlichen Quellenangaben auf Seite 281.

273 Überall, wo wirklich Leben ist, ist auch eine Spur von Glück.
Anselm Grün

274 In sich ruht nur der, der seinen Weg geht.
Lisz Hirn

Image, Employer Branding

Ein starkes und gleichzeitig attraktives Image ist mit Geld kaum aufzuwiegen. Ein guter Ruf sorgt nicht nur für Nachfrage bei Produkten und Dienstleistungen, sondern bindet auch Mitarbeiter und hilft beim Rekrutieren von talentiertem Nachwuchs sowie Fach- und Führungskräften. Verschiedene Images, die untereinander mit einer mehr oder weniger starken Wechselwirkung verzahnt sind, lassen das Gesamt- und Stimmungsbild bzw. den Gesamteindruck entstehen. So viele unterschiedliche Zielgruppen mit einer Organisation in Berührung kommen, so viele unterschiedliche Images gibt es. Kunden, Lieferanten, Kooperationspartner, Mitarbeiter, Bewerber, Kapitalgeber, Investoren, Umweltschutzverbände – um nur einige zu nennen – aber auch Medien und die Öffentlichkeit machen sich jeweils ihr eigenes Bild der Unternehmenspersönlichkeit in einem jeweils anderen Kontext. So kann ein Unternehmen wirtschaftlich sehr erfolgreich sein und gleichzeitig einen schlechten Ruf als Arbeitgeber haben. Hohe Bekanntheit alleine ist kein Garant für Beliebtheit. Die Bahn kann hier als Beispiel dienen. Jeder kennt sie – etwas weniger mögen sie. Und dies, obwohl sich die Mitarbeiter wirklich ins Zeug legen: „Senk ju vor träwelling wis Deutsche Bahn".

Eine Unternehmenspersönlichkeit ist von ihrer Komplexität durchaus vergleichbar mit einer realen, lebenden Person, von der sich alle mit ihr in Kontakt kommenden oder in Beziehung stehenden Menschen in unterschiedlichen Rollen unterschiedliche Bilder machen. Diese Bilder können sich im Falle eines Trugbildes oder Vorurteils im tatsächlichem Erleben wieder anders darstellen bzw. anders wahrgenommen werden. Natürlich handelt es sich dabei immer um eine subjektive Wahrnehmung, die nicht unbedingt mit den objektiven Rahmenbedingungen übereinstimmen muss.

Jede Organisation hat ein Image. Man kann nicht kein Image haben. Das Bild in der Wahrnehmung der gewünschten Zielgruppe zu ändern ist eine Herausforderung. Doch wie gewinnen und stärken Firmen und Organisationen ihr Ansehenskapital? Wie werden Unternehmen zum Sympathieträger und machen Menschen im Idealfall sogar zu Fans?

Das Thema ist komplex und grundsätzlich im individuellen Einzelfall zu betrachten; dennoch drei Faktoren, die für die erfolgreiche Umsetzung unerlässlich sind. Erstens. Schminke bringt keinen Erfolg. Seien Sie zu hundert Prozent authentisch. Heutzutage lässt sich nichts verheimlichen. Social Media, also Twitter, Facebook & Co. sorgen für Transparenz und verstärken den wahren Charakter. Zweitens. Es gibt schon zu viele ähnliche Firmen. Klare Differenzierung ist angesagt. Drittens. Nach innen und außen kommunizieren, was das Zeug hält. Permanent. Was nicht kommuniziert wird, kann nicht wahrgenommen werden und was nicht wahrgenommen wird, ist nicht vorhanden.

Steigen wir ein mit der Definition des Kaberettisten Erwin Pelzig.

275 Ein Image ist das, was man bräuchte,
dass die anderen denken,
dass man so ist, wie man gerne wäre.[26]
Frank-Markus Barwasser, alias Erwin Pelzig

276 Es mag zu meinem Vorteil oder Nachteil ausfallen,
ich fürchte nicht, so gesehen zu werden, wie ich bin.
Jean-Jacques Rousseau

277 Wer in den Fußstapfen eines anderen wandelt,
hinterlässt keine eigenen Spuren.
Wilhelm Busch

278 Ich kannte ein Unternehmen, das von allen Seiten perfekt aussah;
von vorn, von hinten, von links, von rechts, von oben, von unten;
nur nicht von innen.
Unbekannter Autor

---

26 Bitte beachten Sie die zusätzlichen Quellenangaben auf Seite 281.

279 Die Suche nach Identität bescheinigt, dass man sich außerhalb von
ihr befindet oder gar keine hat. Wie man sich selbst sieht,
wie einen andere sehen, wie man sein möchte, wie man nicht sein kann,
das gibt oft doublierende und schlierende Bilder von geringer
Deckungskraft und Unschärfe.
Kurt Weidemann

280 Vergeuden Sie Ihre Zeit nicht damit,
dass Sie das Leben eines anderen leben.
Steve Jobs

281 Wer Menschen faszinieren will braucht außergewöhnliche Ideen.
Marcus Berthold

282 Man kann den Hintern schminken wie man will –
ein ordentliches Gesicht wird nie daraus.
Georg Christoph Lichtenberg

283 Ein Charakter ist wie ein Baum und der gute Ruf wie sein Schatten.
Abraham Lincoln

284 Durch eine angeschminkte Darstellung kann kein Unternehmen zur
Unternehmenspersönlichkeit werden. Wenn das wertvollste Kapital
eines Unternehmens – seine Glaubwürdigkeit und Vertrauenswürdigkeit –
schon verbraucht ist, hilft keine Schminke mehr.
Kurt Weidemann

285 Einbildung mag einen aufblasen, aber nie stützen.
John Ruskin

286 Wenn du Eindruck zu machen versuchst, riskierst du,
dass dies der Eindruck ist, den du machst.
Unbekannter Autor

287 Das wahre Aussehen kehrt zurück,
während das vorgetäuschte verschwindet.
Titus Petronius, auch Arbiter genannt

288 Die Taten sind die Substanz des Lebens, die Reden sein Schmuck.
Das Ausgezeichnete in Taten ist bleibend, das in Reden vergänglich.
Baltasar Gracián

289 Image ist oft eine optische Täuschung.
Blicke hinter Fassaden führen dann zur Ent-Täuschung.
Axel Haitzer

290 Du sollst nicht zu sein begehren, was du nicht bist.
Christian Morgenstern

291 Das Einzige, was nicht kopierbar ist, sind die Beziehungen eines
Unternehmens zu seinen Mitarbeitern und die Beziehungen der
Mitarbeiter zu ihren Kunden!
Klaus Kobjoll

292 Die Dinge gelten nicht für das, was sie sind, sondern für das,
was sie scheinen. Wert haben und ihn zu zeigen verstehen,
heißt zweimal Wert haben. Was nicht gesehen wird, ist,
als ob es nicht wäre.
Baltasar Gracián

293 Vielerorts bröckelt die Fassade Menschlichkeit.
Was steckt dahinter?
Ernst Ferstl

294 Nicht das Beste scheinen will er, sondern sein.
Aischylos

295 Selbstbeobachtung genügt, um Satiriker zu werden.
Emanuel Wertheimer

296 Man muss gegen den Strom schwimmen –
sonst schwimmt man mit den toten Fischen.
Helmut Esslinger

297 Das Gegenteil von Vorbild ist Image.
Hans-Jürgen Quadbeck-Seeger

298 Es kommt nicht darauf an zu einer Klasse zu gehören,
sondern eine Klasse für sich zu sein.
Lisz Hirn

299 Eine Firma, die Werte missachtet, verachtet den Menschen und
Selbstverachtung und Menschenverachtung machen in kurzer Zeit
eine Firma, eine Gemeinschaft, ein Land wertlos.
Anselm Grün

300 Auch was wir am meisten sind, sind wir nicht immer.
Marie von Ebner-Eschenbach

301 Man muss was sein, wenn man was scheinen will.
Ludwig van Beethoven

302 Wer jedes Freund sein will, ist niemandes Freund.
Gottlieb Konrad Pfeffel

303 Die Übertreibung ist der Lüge verwandt
und man kommt durch sie um den Ruf des guten Geschmacks.
Baltasar Gracián

304 Menschen kommen zu Unternehmen, aber sie verlassen Vorgesetzte.
Reinhard K. Sprenger

305 Auch der Aufmerksamste überhört sein Selbstlob.
Emanuel Wertheimer

Employer Branding

Marketing, Werbung

Ein Kapitel vorher haben wir über Image und Employer Branding, also die Schaffung einer Arbeitgebermarke, gesprochen. Und was brauchen wir, um ein gutes Image aufzubauen? Klar, eine gute Marketingabteilung.

Der Begriff Marketing wird oft gebraucht, sehr unterschiedlich verwendet und genauso oft falsch oder nur in Facetten verstanden. Marketing wird regelmäßig mit Verkauf und / oder Werbung gleichgesetzt. Doch Marketing ist sehr viel mehr. Schnell tauchen die vier P's des Marketing-Mixes auf: Price, Product, Place und Promotion. Im Kontext übersetzt sprechen wir also von Preis-, Produkt-, Distributions- und Kommunikationspolitik. Alle Überlegungen und Bemühungen im Marketing haben – zumindest in der Theorie – das primäre Ziel, Kunden oder sonstige Nachfrager – beim Personalmarketing sind es Mitarbeiter und Bewerber – zufriedenzustellen und langfristige Beziehungen aufzubauen und zu erhalten, die zum beiderseitigen Vorteil gereichen, also als Win-win-Situation angelegt sind. Soweit zur Theorie. Auf jeden Fall sind die Leute, die sich mit Marketing und Werbung beschäftigen, jung, ausgeflippt, lebenslustig, sprechen Denglisch und sind ganz arg kreativ. Sie machen ständig Party und tragen immer schwarz – auch nachts. So weit zum Klischee. Doch, wie ist es um die bunte Werbetraumwelt und um die Marketingstrategen, die das alles zu verantworten haben, wirklich bestellt? Die Statements und Stimmungsbilder gewähren die verschiedensten Einblicke und Einsichten: klar, komisch, karikativ, kreativ, klug, kompetent, konsensfähig oder kontrovers.

306 Alles, was keine Emotionen auslöst, ist für unser Gehirn wertlos.
Hans-Georg Häusel

307 Ein bescheidener Mensch wird für gewöhnlich bewundert,
falls die Leute je von ihm hören sollten.
Edgar Watson Howe

308 Ehrlichkeit ist das erste Kapitel im Buch der Weisheit
Thomas Jefferson

309 Gute Werbung verwandelt Aufmerksamkeit in Sympathie,
dann Sympathie in Vertrauen, Respekt in Bewunderung,
Ansehen in Ausstrahlung. Sie macht aus einem Ja-aber-Sager
einen Aber-ja-Sager!
Kurt Weidemann

310 Die meisten Werber, die ich kennengelernt habe,
haben noch nie Rilke gelesen, verwechseln Fraunhofer mit
einer Kneipe und halten Paganini für ein belegtes Brötchen.
Wolfgang Beinert

311 Uns alle umgeben Wörter und Begriffe, von denen niemand genau weiß,
was sie bedeuten, obwohl jeder eine Vorstellung besitzt, was damit
gemeint sein könnte. So entstehen Vorurteile und Halbwissen.
Kay Tangermann

312 Lieber Staub aufwirbeln als Staub ansetzen.
Hubert Burda

313 Eine Notlüge ist immer verzeihlich. Wer aber ohne Zwang die Wahrheit
sagt, verdient keine Nachsicht.
Karl Kraus

314 Werbung ist der Versuch, das Denkvermögen des Menschen
so lange außer Takt zu setzen, bis er genügend Geld ausgegeben hat.
Ambrose Bierce

315 Man brauche gewöhnliche Worte und sage ungewöhnliche Dinge.
Arthur Schopenhauer

316 Wer heute erfolgreich kommunizieren möchte,
muss das Gewohnte verlassen.
Wolfgang Beinert

317 Sagen Sie, wie es ist. Sagen Sie nicht, wie es nicht ist.
Martin Adler

318 Die Reklame dient oft dazu,
ein gutes Erzeugnis durch ein schlechteres zu verdrängen.
Jakob Boßhart

319 Texter arbeiten wie Bildhauer. Sie erzeugen keine Wörter,
sie entfernen sie; und erst dadurch entsteht etwas,
das man lesen oder hören will.
Jens Jürgen Korff

320 Eine ganze Industrie lebt hervorragend von dem Einsatz von
Geld vernichtenden Marketinginstrumenten. Die wertvolle Liquidität
ist nicht weg, sondern auf den Konten der Hoffnungsträger
aus der Werbeindustrie.
Peter Sawtschenko

321 Der Werbe-Texter arbeitet als Kommunikations-Visagist.
Seine Kunst besteht darin, weder zu dick noch zu dünn aufzutragen.
Jeder sollte „Wow" sagen, keiner darf die Pickel sehen.
KarlHeinz Karius

322 Viele kleine Dinge wurden durch die richtige Art von Werbung
groß gemacht.
Mark Twain

323 Prägnante Sätze sind wie scharfe Nägel,
welche die Wahrheit in unser Gedächtnis hineinzwingen.
Denis Diderot

324 Wohl dem, der kein Geld für Marketing hat. Der kommt auf Ideen.
Christian Sywottek

325 Gerupften Hühnern die Füße breit schlagen,
um sie als Enten zu verkaufen, ist keine
gute Werbeidee, sondern offensichtlicher Betrug.
Kurt Weidemann

326 Ich nehme grundsätzlich nicht an Wettbewerbspräsentationen teil. Wieso
auch? Erstens. Die meisten Anfragen sind unprofessionell vorbereitet und
sowohl kaufmännisch als auch juristisch nicht verifiziert. Zweitens. Eine
Arbeit kann nur dann erfolgreich sein, wenn sie im interaktiven Prozess
mit dem Auftraggeber entsteht. Drittens. Wie soll ich mit Blindtexten
und Placebofotos gestalten? Resümee. Wettbewerbspräsentationen sind
schwachsinnig und nur was für Rambos. Sie bieten in der Regel keine sinnvolle Entscheidungsgrundlage.
Wolfgang Beinert

327 Was soll denn bei einer Personalanzeige herauskommen, die, in wenigen
Stunden über's Knie gebrochen wird, nur eine dürre, blutarme Stellen-
beschreibung enthält und jene Gemeinplätze, die gerade zur Hand sind?
Kay Tangermann

328 Ihr Unternehmen ist unbekannter als Sie denken!
Kay Tangermann

329 Je mehr man die Wahrheit erklären muss,
desto unwahrscheinlicher ist sie.
Robert Lerch

Erfolg

Wer von uns wünscht sich keinen Erfolg? Doch was ist Erfolg? Für den einen ist es Erfolg, in einer Prunkvilla zu wohnen, dicke Autos zu fahren und über ein gutgefülltes Bankkonto zu verfügen, andere verstehen unter Erfolg eine glückliche Familie mit vielen Kindern oder einer beruflichen Aufgabe nachzugehen, die sie ausfüllt, für manche ist Erfolg, allgemeine Anerkennung zu genießen. Die Definitionen von Erfolg sind so verschieden, wie die Menschen. Sie selbst bestimmen, was Erfolg für SIE ist. Wie definieren Sie Erfolg?

Lassen Sie uns mit der Definition von Bessie Anderson Stanley beginnen. Ich fühle mich wohl mit ihrer Definition – mich berührt sie. Finden auch Sie in dieser Definition die eine oder andere Anregung für Ihre ganz persönliche Definition?

330 Was Erfolg ist?

> Es hat derjenige Mensch Erfolg gehabt, der gut gelebt, oft gelacht und viel geliebt hat; der sich Vertrauen und Achtung intelligenter Menschen verdiente und die Liebe von kleinen Kindern; der die Anerkennung von aufrichtigen Kritikern verdiente und den Verrat von falschen Freunden überstand, der seinen Platz fand und seine Aufgabe erfüllte; der die Welt besser verließ, als er sie vorfand, sei es durch schöne Blumen, die er züchtete, ein vollendetes Gedicht oder eine gerettete Seele.
> Es hat derjenige Erfolg gehabt, dem es nie an Dankbarkeit fehlte, und der die Schönheit unserer Erde zu schätzen wusste, und der nie versäumte, dies auszudrücken; der in anderen immer das Beste suchte und von sich das Beste gab; dessen Leben eine Inspiration war und die Erinnerung an ihn ein Segen.
>
> *Bessie Anderson Stanley (Elizabeth-Anne Anderson Stanley) hat diesen Beitrag 1904 anlässlich eines Wettbewerbs des Brown Book Magazine eingereicht; oft wird der Text irrtümlicherweise Ralph Waldo Emerson oder Robert Louis Stevenson zugeschrieben.*

331 Das Ergebnis ist alles.
Fernando Pessoa

332 Durchzuhalten ist die Kunst, die man erlernen muss, um zu siegen.
Lisz Hirn

333 Bescheidenheit ist eine Tugend,
die oftmals den durchschlagenden Erfolg verhindert.
Alex S. Rusch

334 Wer etwas Großes will, der muss sich zu beschränken wissen,
wer dagegen alles will, der will in der Tat nichts und bringt es zu nichts.
Friedrich Hegel

335 Genug haben, ist Glück, mehr als genug haben, ist unheilvoll.
Das gilt von allen Dingen, aber besonders vom Geld.
Lao Dse, auch Laozi oder Laotse

336 Es sind immer die einfachsten Ideen,
die außergewöhnliche Erfolge haben.
Leo Tolstoi

337 Es gibt nur einen Erfolg: Wenn du dein Leben so leben kannst, wie du es dir
erträumt hattest.
Francis Bacon

338 Am Mut hängt der Erfolg.
Theodor Fontane

339 Wer ständig arbeitet hat keine Zeit, Karriere zu machen.
Achim Krämer

340 Wenn du Erfolg hast, brauchst du keine Vorfahren.
Voltaire

341 Dem großen Erfolg verzeiht man alles.
Christine von Schweden

342 In allen Dingen ist der rechte Augenblick für den Erfolg entscheidend.
Menander

343 Wer dauerhaften Erfolg haben will, muss sein Vorgehen ständig ändern.
Niccoló Machiavelli

344 Man sollte seiner Faulheit nicht alle Misserfolge in die Schuhe schieben.
Michael Marie Jung

345 Der Erfolg ist eine Folgeerscheinung, niemals darf er zum Ziel werden.
Gustave Flaubert

346 Mehr ist möglich!
Alex S. Rusch

347 Man kann keinen schlechteren Gebrauch von seinem Erfolg machen,
als sich damit zu brüsten.
„Blind" Blake, eigentlich Arthur Blake oder Arthur Phelps

348 Der Erfolg ist der Lehrmeister der Dummen.
Livius Titus

349 Tüchtiges schaffen, das hält auf die Dauer kein Gegner aus.
Peter Rosegger

350 Der Weg zum Erfolg führt bergauf. Versucht deshalb nicht,
Geschwindigkeitsrekorde aufzustellen.
„Blind" Blake, eigentlich Arthur Blake oder Arthur Phelps

351 Der wichtigste Schritt zum Erfolg ist,
sich überhaupt dafür zu interessieren.
William Osler

352 Es ist äußerst schwierig, erfolgreich zu sein,
ohne unsympathisch zu wirken.
Ken Hubbard

353 Mit dem Fleiße bringt ein mittelmäßiger Kopf es weiter
als ein überlegener ohne denselben.
Baltasar Gracián

354 Wer dem Erfolg auf den Grund geht, der findet stets Menschen,
die beharrlich an ihren Zielen arbeiten.
Unbekannter Autor

355 Der Erfolg macht selten Freunde.
Luc de Vauvenargues

356 Es gäbe mehr Erfolgsstreben auf der Welt,
wenn die Erfolgreichen einen glücklicheren Eindruck machten.
Mark Twain

357 Die Weigerung, Unwichtiges zu tun,
ist eine entscheidende Voraussetzung für den Erfolg.
Alexander Campbell Mackenzie

358 Erfolg und Misserfolg lassen sich programmieren,
denn jeder Gedanke hat die Tendenz, sich zu verwirklichen.
Jörg Löhr

359 Wir bleiben nicht gut,
wenn wir nicht immer besser zu werden trachten.
Gottfried Keller

360 Wenn die für eine bestimmte Aufgabe zusammenpassenden Menschen
in der angemessenen Weise zusammenarbeiten, sind hervorragende
Ergebnisse die Folge.
Manfred Winterheller

361 Ehrlichkeit, Charakter, Integrität, Vertrauen, Liebe und Loyalität
bilden das Fundament für persönlichen Erfolg.
Karl Pilsl

362 Ich kann es!
    Ich will es!
        Ich tue es!
Richard A. Wandl

363 Es gibt keine Zufälle, nur Möglichkeiten.
Wer weiß, was er will, sieht alle Möglichkeiten.
Klaus Kobjoll

364 Nichts wird so respektiert wie der Erfolg.
Kurt Tucholsky

365 Der Erfolgreiche überprüft seine Begabungen und Fähigkeiten,
ehe er sein Ziel steckt.
Vera F. Birkenbihl

Zu guter Letzt

Wenn Sie nicht zu den Lesern gehören, die das Schlusswort zuerst lesen, sind Sie fast schon durch.

Was geht Ihnen jetzt durch den Kopf? Franz Kafka sagte einmal: *„Wenn das Buch, das wir lesen, uns nicht mit einem Faustschlag auf den Schädel weckt, wozu lesen wir dann das Buch?"* – Natürlich will ich mit meinem Buch keinem Gewalt antun, dass sich aber der eine oder andere Leser in der Ruhe mitten in seiner Komfortzone gestört fühlt, ist unvermeidbar. Ist es mir gelungen, Sie zu sensibilisieren, inspirieren und motivieren? – das jedenfalls war meine Absicht. Sie haben viele Ideen und Impulse bekommen, wie Ihr Unternehmen für Talente noch interessanter wird und sich so zu einem wahren Bewerbermagneten entwickelt. Über einen sehr wichtigen Punkt muss ich allerdings noch mit Ihnen sprechen. Genau genommen ist es der wichtigste überhaupt:

Hand aufs Herz: Wie oft haben Sie sich schon Dinge vorgenommen und nicht umgesetzt? Die guten Absichten zu haben und die tollsten Pläne zu schmieden alleine bringen nichts. Wir brauchen erfahrungsgemäß einen Ruck; einen Ruck, der uns zum Handeln bringt, sonst bleibt jede Idee nur eine eitle Seifenblase. Die bestmögliche Wirkung meines Buches ist also, Sie zu eigenem Handeln anzuregen.

»Sie haben es selbst in der Hand!«

Impulse und Ideen konnte ich Ihnen liefern, umsetzen müssen Sie diese selbst. Setzen Sie sich Ziele, machen Sie sich auf den Weg und tun Sie konsequent die richtigen Dinge. Die besten Vorsätze und Ziele bringen wenig, wenn wir sie nicht umsetzen. Die bisherige Vorgehensweise hat Sie nicht ans Ziel gebracht? Wenn Sie andere Ergebnisse wollen, müssen Sie die Dinge anders tun oder andere Dinge tun. Veränderungen sind immer etwas unangenehm – im besten Fall ungewohnt. Immer gilt: Wer einen neuen Weg gehen will, muss den alten Weg verlassen.

»Sind Sie Verwalter oder Macher?«

Entscheiden Sie sich. Fürs Gaspedal. Gegen die Bremse. Entwickeln Sie Ihre Ideen. Legen Sie das vorhandene Potenzial in Ihrem Umfeld frei. Wechseln Sie auf die Überholspur. Sorgen Sie für echte Innovationen. Verändern Sie Ihr Umfeld nachhaltig spürbar. Und sorgen Sie dafür, dass jeder davon erfährt, wie toll es ist, in und an Ihrem Unternehmen zu arbeiten. Machen Sie Ihr Unternehmen zum Bewerbermagnet!

»Wenn nicht jetzt, wann dann? Wenn nicht hier, sag mir, wo und wann? Wenn nicht wir, wer sonst?«[27]

Legen Sie los! *„Das beste Später ist jetzt!"*, sagt der Schriftsteller und Drehbuchautor Paul Mommertz. Er hat recht. Sagen Sie nicht: *„Es geht nicht!"* oder *„Es geht jetzt nicht!"* – fragen Sie: *„Was muss ich tun, damit es JETZT möglich wird?"* Und dann tun Sie es!

Wenn Ihr Unternehmen zum Bewerbermagnet werden soll, ist jetzt der richtige Zeitpunkt, alles dafür Nötige zu tun.

Tragen Sie jetzt Ihre E-Mail-Adresse in den Newsletter auf der Website **www.Bewerbermagnet.com** ein. Sie erhalten so immer wieder kostenlos Informationen zum Thema. Am besten Sie machen es gleich jetzt, damit Sie es nicht vergessen ☺

»Das letzte Wort haben Sie!«

Mein Ziel ist es, meinen Lesern und den Teilnehmern in Vorträgen, Seminaren und Workshops werthaltige und praxistaugliche Information und Tipps merkfähig zu vermitteln. Ein permanenter Dialog mit Experten und den Verantwortlichen in Unternehmen und den Personalabteilungen ist für mich daher unabdingbar. Schreiben Sie mir, wenn Sie Fragen haben oder bei der Umsetzung Tipps und

---

27 Der Song der Gruppe „De Höhner" zur Handball-WM 2007 bringt es auf den Punkt.

Unterstützung brauchen. Lassen Sie mich an Ihren Erfahrungen und Erfolgen auf dem Weg zum Bewerbermagnet teilhaben. Sie erreichen mich unter axel@haitzer.de – ich freue mich auf Ihre Nachricht!

Ich wünsche Ihnen Mut, Initiative und Ausdauer, damit Sie sich von Eingefahrenem lösen, alle nötigen Veränderungen beherzt angehen und so lange dranbleiben, bis Sie am Ziel sind. Viel Spaß auf Ihrem Weg zur erfolgreichen Umsetzung IHRER Ideen!

Machen Sie's einfach! Im doppelten Sinne.

Axel Haitzer

Dankeschööööön!

Das Ergebnis – ein fertiges Buch – lässt nur wenige Leser erahnen, welcher Aufwand hinter einem solchen Projekt steckt. Auch ich habe den Zeitbedarf dramatisch unterschätzt. Nach dieser ersten, für mich in dieser Form durchaus unerwarteten Erfahrung, zolle ich jedem, der SELBST Bücher geschrieben hat, noch größeren Respekt.

Manche glauben, ein Buch würde in aller Abgeschiedenheit geschrieben und dann gedruckt. Das mag in einigen Fällen zutreffen, jedoch nicht bei diesem Projekt. In jeder Phase war ich froh, dass ich immer mehrere Menschen um mich hatte, die mir mit Rat und glücklicherweise auch mit Tat zur Seite standen. Mein Name steht zwar auf dem Cover, das Buch ist aber eine Teamleistung.

Jetzt ist Zeit, zu danken. Ordentlich zu danken, ist eine hohe Kunst. Sie kennen das von der Oscar-Gala. „Ich danke der Film-Academy", ist vermutlich einer der am meisten benutzten Sätze in Dankesreden bei der Oscar-Verleihung – und der langweiligste. Die längste Oscar-Dankesrede dauerte fünfeinhalb Minuten. Die Schauspielerin Greer Garson dankte im Jahr 1942 so ausführlich. Danach kürzte die Film-Academy die Redezeit. Heute bleiben den Gewinnern nur noch maximal 45 Sekunden, bis sie mit immer lauter werdender Musik von der Bühne gespielt werden. Nachdem ich kein Drehbuch, sondern ein Fachbuch geschrieben habe, muss ich nicht auf die Bühne und darf schriftlich danken.

Ohne Marcus Berthold von brainfloor.com hätte es dieses Buch so nicht gegeben – er hat den entscheidenden ersten Impuls für die Entstehung des Buches gegeben und war während der gesamten Projektdauer wichtiger Sparringspartner für mich. Den 871 Ideengebern habe ich ein eigenes Kapitel gewidmet und zolle höchsten Respekt für die vielen tollen Ideen. HERZlichen Dank an euch alle! Ein ganz besonderer Dank geht an die Juroren im Expertengremium. Mit viel Engagement wurden von jedem Experten ALLE 1.207 Ideen gelesen und die inspirierendsten davon herausgefiltert – ein wirklich sehr, sehr großer Aufwand. Das Ergebnis zeigt, wie professionell hier gearbeitet wurde. Neben seiner Mit-

wirkung im Expertengremium danke ich Achim Krämer für seinen klugen Input vor, während und nach dem Projekt. Die guten Geister bei der Umsetzung waren für Design, Satz und Grafik Dieter Winkler und Jochen Stratmann, der in bewährter Qualität viele Bilder bearbeitete. Für den kritischen Blick auf die Einhaltung der Rechtschreibung und sonstiger Regeln, die Texte gut lesbar machen, danke ich Wolfgang Rasp. Nur ihm ist es zu verdanken, dass ich nicht für einen Legastheniker gehalten werde. Hätten nicht so viele Autoren der Zitate sowie die sonstigen Rechteinhaber einer Veröffentlichung der Sprüche, Zitate und Aphorismen unentgeltlich zugestimmt, könnten Sie auch in diesem Buch nur die Klassiker lesen, also nur Autoren, die bereits seit mehr als 70 Jahren verstorben sind. Zum Glück gibt es in diesem Buch jede Menge frische Sprüche. Die vielen Unterstützungsangebote aus dem Kreis der Aphoristiker haben mich sehr gefreut und mir zusätzlich Mut gemacht. Dem Team von BoD danke ich für die Tipps, Infos und die Unterstützung rund um den Druck und die Vertriebskanäle.

Neben der professionellen Hilfe darf ich mein privates Umfeld nicht vergessen. Meine Frau Martina beispielsweise, die über Monate Geduld und Verständnis dafür aufbrachte, dass mein Buch „garantiert nächstes Wochenende fertig wird". Und mein neunjähriger Sohn Luis, der mit seinen bohrenden Fragen „Wie weit bist du genau?" – „Wann ist das Buch endlich fertig?" immer wieder den Druck aufbaute, den ich manchmal brauche, um Dinge zu Ende zu bringen.

Dankeschöööööön!

Falls Ihnen einige Stellen im Buch nicht gefallen haben, sind es vermutlich diese, bei denen ich über die Köpfe der vorgenannten Menschen hinweg selbst Entscheidungen getroffen habe.

Nicht zuletzt danke ich Ihnen, lieber Leser, liebe Leserin, dass Sie sich für das Thema Personalmarketing und Employer Branding interessieren und ganz besonders dafür, dass Sie mein Buch lesen.

Jetzt weiß ich nicht, ob ich mit 45 Sekunden ausgekommen bin – das kommt auf Ihr Lesetempo an ;-)

Neubeuern, im Juli 2011   Axel Haitzer, Benchbreaker

Anhang, Ergänzung, Exkurs, Nachtrag

Schauen Sie rein! Anhang ist nicht als Anhängsel zu verstehen. Sie finden wertvolle zusätzliche Informationen und ausreichend Platz für Ihre Notizen.

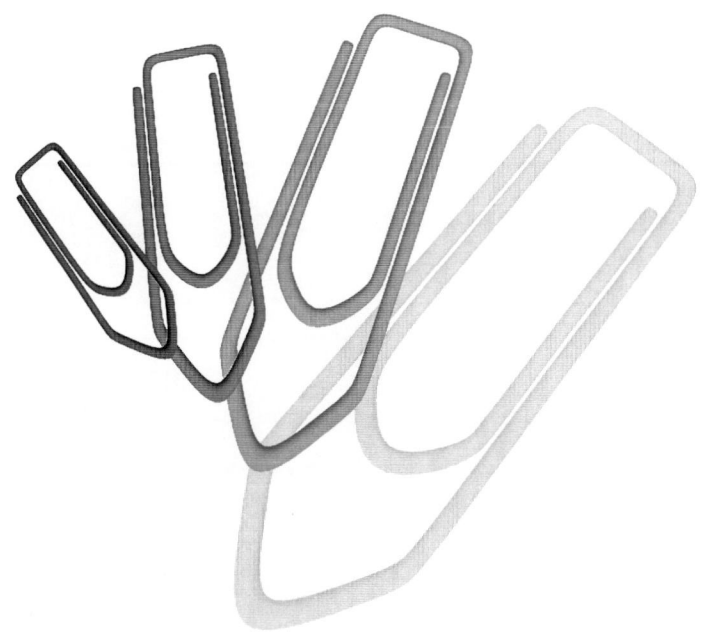

Ihr Parkplatz für die besten Ideen

Notieren Sie hier „Ihre" Top-Ideen und wann Sie diese umsetzen. Die Ideen, die Sie inspirieren zu notieren, ist ein erster Schritt. Sie haben so eine gute Chance, dass Sie das geplante Vorhaben tatsächlich angehen. Nutzen Sie Ihre Motivation, etwas zu tun bzw. etwas zu verändern, und schieben Sie den Start nicht hinaus. Damit Ihren Worten auch tatsächlich Taten folgen, noch ein paar Hinweise zum Thema Planung: Setzen Sie sich Ziele, die SMART sind. Das Akronym[28] SMART steht in diesem Zusammenhang für

S spezifisch (eindeutig und präzise)
M messbar (quantitativ und / oder qualitativ)
A anspruchsvoll (ein einfach
    zu erreichendes Ziel
    motiviert nicht)
R realisierbar (zwar mit
    großer Anstrengung, aber
    erreichbar)
T terminierbar (mit klarer
    Terminvorgabe)

28 Sie wissen wahrscheinlich, dass ein Akronym ein Kurzwort ist, das aus den Anfangsbuchstaben mehrerer Wörter zusammengesetzt ist – ich hab's nur für mich noch mal aufgeschrieben ;-)

Ihre Geistesblitze kurz notiert

Notieren Sie hier Ihre eigenen Einfälle. Seien Sie kreativ, es ist ganz einfach. Auf den nächsten Seiten können Sie Ihrer Fantasie freien Lauf lassen. Inspiriert von den Vorschlägen in diesem Buch werden die Ideen nur so aus Ihnen heraussprudeln. Ich wünsche Ihnen viele, viele sehr gute Ideen!

Zitate – Autoren von A–Z

A

Adler, Martin (*1957) – deutscher Rhetorik-Trainer
Zitat Nr. 317

Aebi, Jean Etienne (*1945) – Schweizer Marketingexperte und Buchautor
Zitat Nr. 93

Aischylos (525 v. Chr.–456 v. Chr.) – griechischer Tragödiendichter
Zitat Nr. 294

Alighieri, Dante (1265–1321) – italienischer Philosoph und Dichter
Zitat Nr. 111

Alt, Franz (*1938) – deutscher Journalist und Buchautor
Zitat Nr. 13

Amiel, Henri-Frédéric (1821–1881) – Schweizer Schriftsteller und Philosoph
Zitat Nr. 260

Anderson Stanley, Elisabeth-Anne, „Bessie" (vor 1890–1952) – US-amerikanische Autorin
Zitat Nr. 330

Ångström, Anders Jonas (1814–1874) – schwedischer Physiker
Zitat Nr. 205

Arndt, Ernst Moritz (1769–1860) – deutscher Dichter und Revolutionär
Zitat Nr. 228

Ash, Mary Kay (1918–2001) – US-amerikanische Unternehmerin
Zitate Nr. 95, 243, 248

Assisi, Franz von (1181–1226) – italienischer Ordensstifter und Wanderprediger
Zitat Nr. 171

Augustinus von Hippo (354–430) – numidischer Philosoph, Kirchenlehrer
Zitate Nr. 109, 218

B

Bacon, Francis (1561–1626) – englischer Philosoph, Essayist und Staatsmann
Zitate Nr. 163, 337

Bakunin, Michail Alexandrowitsch (1814–1876) – russischer Sozialrevolutionär
Zitat Nr. 32

Balzac, Honoré de (1799–1850) – französischer Schriftsteller
Zitat Nr. 53

Barwasser, Frank-Markus, alias Erwin Pelzig (*1960) – deutscher Journalist und Kabarettist
Zitat Nr. 275

Beecher, Henry Ward (1813–1887) – US-amerikanischer Prediger
Zitat Nr. 115

Beethoven, Ludwig van (1770–1827) – deutscher Komponist und Musiker
Zitat Nr. 301

Beinert, Wolfgang (*1960) – deutscher Grafikdesigner und Typograph
Zitate Nr. 310, 316, 326

Belasco, David (1853–1931) – US-amerikanischer Dramatiker, Regisseur und Theaterproduzent
Zitat Nr. 147

Bellermann, Erhard H. (*1937) – deutscher Bauingenieur, Dichter und Aphoristiker
Zitate Nr. 84, 169

Berthold, Marcus (*1972) – deutscher Unternehmer und Experte für Open Innovation
Zitat Nr. 281

Bezzel, Hermann von (1861–1917) – deutscher Philologe und Theologe
Zitat Nr. 233

Bierce, Ambrose (1842–1914) – US-amerikanischer Schriftsteller und Lebenskünstler
Zitate Nr. 130, 314

Billy, eigentlich Walter Fürst (*1932) – Schweizer Aphoristiker
Zitat Nr. 47

Bindel, Frank (*1961) – deutscher Manager
Zitat Nr. 12

Birkenbihl, Vera F. (*1946) – deutsche Managementtrainerin und Sachbuchautorin
Zitate Nr. 31, 58, 131, 166, 365

Bismarck, Otto von (1815–1898) – deutscher Staatsmann und 1. Reichskanzler
Zitat Nr. 252

Blind Blake, eigentlich Arthur Blake (um 1893 – um 1933) – Blues-Sänger und Gitarrist
Zitate Nr. 347, 350

Bölck, Lothar (*1953) – deutscher Kabarettist, Autor und Regisseur
Zitat Nr. 8

Bosco, Johannes, „Don Bosco" genannt (1815–1888) – italienischer Ordensgründer
Zitat Nr. 191

Boßhart, Jakob (1862–1924) – Schweizer Schriftsteller
Zitat Nr. 318

Bubendorfer, Thomas (*1962) – österreichischer Extrembergsteiger und Autor
Zitate Nr. 136, 141

Büchner, Ludwig (1824–1899) – deutscher Arzt, Naturwissenschaftler und Philosoph
Zitat Nr. 174

Burda, Aenne (1909–2005) – Deutsche, Mitbegründerin des Verlages BURDA-Moden
Zitat Nr. 227

Burda, Hubert (*1940) – deutscher Kunsthistoriker und Verleger
Zitat Nr. 312

Burnham, Daniel Hudson (1846–1912) – US-amerikanischer Stadtplaner und Architekt
Zitat Nr. 40

Busch, Wilhelm (1832–1908) – deutscher Schriftsteller, Maler und Zeichner
Zitate Nr. 129, 277

C

Capote, Truman (1924–1984) – US-amerikanischer Schriftsteller
Zitat Nr. 98

Cato (der Ältere) (234 v. Chr.–149 v. Chr.) – römischer Staatsmann und Schriftsteller
Zitat Nr. 172

Champollion, Jean-François (1790–1832) – französischer Sprachwissenschaftler
Zitat Nr. 190

Christine von Schweden (1626–1689) – schwedische Königin
Zitat Nr. 341

Clausewitz, Carl Philipp Gottfried von (1780–1831) – preußischer General und Schriftsteller
Zitat Nr. 182

Conrad, Joseph (1857–1924) – britischer Schriftsteller
Zitate Nr. 33, 42, 113

D

Dach, Simon (1605–1659) – deutscher Dichter der Barockzeit
Zitat Nr. 222

Däniken, Erich von (*1935) – Schweizer Schriftsteller
Zitat Nr. 6

Denck, Michael A. (*1967) – deutsch-amerikanischer Betriebswirt
Zitat Nr. 100

Dickens, Charles (1812–1870) – englischer Schriftsteller
Zitat Nr. 46

Diderot, Denis (1713–1784) – französischer Schriftsteller und Philosoph
Zitat Nr. 323

Dohm, Hedwig (1831–1919) – deutsche Schriftstellerin
Zitat Nr. 104

Don Bosco – siehe Bosco, Johannes

Dumas, Alexandre (der Jüngere) (1824–1895) – französischer Schriftsteller
Zitat Nr. 120

E

Ebner-Eschenbach, Marie von (1830–1916) – österreichische Schriftstellerin
Zitat Nr. 300

Edison, Thomas A. (1847–1931) – US-amerikanischer Erfinder
Zitat Nr. 209

Eggert, Heinz (*1946) – deutscher Theologe und Politiker
Zitate Nr. 135, 140

Ehrhardt, Ullrich A. (*1949) – deutscher Betriebswirt und Psychologe
Zitate Nr. 245, 268

Eichendorff, Joseph von (1788–1857) – deutscher Lyriker und Schriftsteller
Zitat Nr. 193

Eilers, Alexander (*1976) – deutscher Aphoristiker und Übersetzer
Zitate Nr. 3, 61, 90

Emerson, Ralph Waldo (1803–1882) – US-amerikanischer Geistlicher und Philosoph
Zitate Nr. 195, 204, 261, 330

Epiktet (ca. 50–ca. 138) – griechischer Philosoph
Zitat Nr. 66

Epikur von Samos (verm. 341 v. Chr.–zw. 271 u. 270 v. Chr.) – griechischer Philosoph
Zitat Nr. 264

Ernst, Paul (1866–1933) – deutscher Schriftsteller
Zitat Nr. 224

Esslinger, Helmut (*1944) – deutscher Produktdesigner
Zitate Nr. 11, 45, 296

Euripides (480 und 485 v. Chr.–406 v. Chr.) – griechischer Dichter
Zitat Nr. 235

Evsan, Ibrahim (*1975) – deutscher Unternehmer und Autor
Zitat Nr. 17

F

Feichtinger, Peter (*1945) – österreichischer Schriftsteller
Zitate Nr. 96, 138, 154

Ferstl, Ernst (*1955) – österreichischer Hauptschullehrer, Dichter und Aphoristiker
Zitate Nr. 118, 173, 293

Feuerbach, Anselm (1829–1880) – deutscher Maler
Zitat Nr. 82

Feuerbach, Ludwig (1804–1872) – deutscher Philosoph und Anthropologe
Zitat Nr. 71

Fitzgerald, F. Scott (1896–1940) – US-amerikanischer Schriftsteller
Zitate Nr. 74, 226

Flaubert, Gustave (1821–1880) – französischer Erzähler und Novellist
Zitat Nr. 345

Fleiß, Ida (*1935) – österreichische Psychologin und Autorin
Zitat Nr. 43

Fontane, Theodor (1819–1898) – deutscher Apotheker, Schriftsteller und Dichter
Zitate Nr. 234, 338

Förster, Anja (*1966) – deutsche Beraterin und Autorin
Zitate Nr. 15, 77, 97, 246

France, Anatole (1844–1924) – französischer Schriftsteller und Nobelpreisträger
Zitate Nr. 4, 139

Frankl, Viktor Emil (1905–1997) – österreichischer Neurologe und Psychiater
Zitate Nr. 28, 159, 167

Frei, Hans Peter (*1949) – Schweizer Verkaufstrainer und Autor
Zitat Nr. 121

Freud, Sigmund (1856–1939) – österreichischer Arzt und Begründer der Psychoanalyse
Zitat Nr. 247

Friedrich der Große, auch der Alte Fritz genannt (1712–1786) – König von Preußen
Zitat Nr. 263

Fuchs, Brigitte (*1951) – Schweizer Autorin
Zitat Nr. 48

Fulda, Ludwig (1862–1939) – deutscher Dramatiker
Zitat Nr. 70

G

Ganghofer, Ludwig (1855–1920) – deutscher Schriftsteller
Zitat Nr. 176

Gluck, Christoph Willibald (1714–1787) – deutscher Komponist
Zitat Nr. 134

Gmeiner, Hermann (1919–1986) – Österreicher, Gründer der SOS-Kinderdörfer
Zitat Nr. 206

Goethe, Johann Wolfgang von (1749–1832) – deutscher Dichter und Multitalent
Zitate Nr. 65, 76, 127, 133, 165, 175, 186

Gorki, Maxim (1868–1936) – russischer Schriftsteller
Zitat Nr. 231

Gotthelf, Jeremias (1797–1854) – Schweizer Pfarrer und Erzähler
Zitat Nr. 219

Gracián, Baltasar (1601–1658) – spanischer Schriftsteller, Hochschullehrer und Jesuit
Zitate Nr. 288, 292, 303, 353

Grube, August Wilhelm (1816–1884) – deutscher Pädagoge und Schriftsteller
Zitat Nr. 207

Grün, Anselm (*1945) – deutscher Benediktinerpater, Autor und Referent zu spirituellen Themen
Zitate Nr. 273, 299

H

Haitzer, Axel (*1959) – deutscher (Personal)Marketingexperte und Autor
Zitate Nr. 19, 39, 44, 50, 56, 78, 122, 146, 289

Harnack, Adolf von (1851–1930) – deutscher Theologe und Professor für Kirchengeschichte
Zitat Nr. 236

Häusel, Hans-Georg (*1951) – deutscher Marketing-Hirnforscher und Buchautor
Zitat Nr. 306

Hebbel, Friedrich (1813–1863) – deutscher Dramatiker und Lyriker
Zitat Nr. 18

Hegel, Friedrich (1770–1831) – deutscher Philosoph
Zitat Nr. 334

Heinse, Johann Jakob Wilhelm (1746–1803) – deutscher Schriftsteller und Übersetzer
Zitate Nr. 188, 197

Heraklit (zwischen 540 und 535 v. Chr. – zwischen 483 und 475 v. Chr.) – griechischer Philosoph
Zitat Nr. 83

Herder, Johann Gottfried von (1744–1803) – deutscher Schriftsteller und Theologe
Zitat Nr. 116

Hirn, Lisz (*1984) – österreichische Philosophin und Künstlerin
Zitate Nr. 10, 87, 274, 298, 332

Hohl, Peter (*1941) – deutscher Journalist, Verleger, Redakteur, Moderator und Aphoristiker
Zitat Nr. 210

Horx, Matthias (*1955) – deutscher Zukunftsforscher und Autor
Zitate Nr. 14, 27, 79

Howe, Edgar Watson (1853–1937) – US-amerikanischer Journalist und Schriftsteller
Zitat Nr. 307

Hubbard, Ken (1868–1930) – US-amerikanischer Humorist, Journalist und Cartoonzeichner
Zitate Nr. 153, 352

Hugo, Victor (1802–1885) – französischer Schriftsteller
Zitat Nr. 85

Huxley, Thomas Henry (1825–1895) – britischer Biologe
Zitat Nr. 125

I

Ibsen, Henrik (1828–1906) – norwegischer Schriftsteller und Dramatiker
Zitat Nr. 80

Immermann, Karl (1796–1840) – deutscher Schriftsteller, Lyriker und Dramatiker
Zitat Nr. 157

Ingersoll, Robert G. (1833–1899) – US-amerikanischer Redner und Redenautor
Zitat Nr. 250

J

James, William (1842–1910) – US-amerikanischer Psychologe und Philosoph
Zitat Nr. 180

Krämer, Achim (*1964) – deutscher Coach für Karriere- und Bewerbungsprozesse
Zitat Nr. 339

Kraus, Karl (1874–1936) – österreichischer Schriftsteller, Satiriker, Aphoristiker
Zitate Nr. 132, 313

Kreuz, Peter (*1966) – deutscher Berater und Autor
Zitate Nr. 15, 77, 97, 246

Kruse, Peter (*1955) – deutscher Psychologe und Unternehmer
Zitat Nr. 64

L

La Rochefoucauld, François de (1613–1680) – französischer Offizier und Schriftsteller
Zitat Nr. 216

Langbehn, Julius (1851–1904) – deutscher Schriftsteller und Kulturkritiker
Zitat Nr. 107

Lao Dse, auch Laozi oder Laotse (ca. 6. Jahrh. v. Chr.) – chinesischer Philosoph
Zitate Nr. 184, 335

Lerch, Robert (*1938) – Schweizer Versicherungs- und Anlageberater und Aphoristiker
Zitate Nr. 254, 329

Lichtenberg, Georg Christoph (1742–1799) – deutscher Schriftsteller, Philosoph und Physiker
Zitate Nr. 123, 282

Lincoln, Abraham (1809–1865) – 16. Präsident der Vereinigten Staaten von Amerika
Zitate Nr. 103, 164, 283

Löhr, Jörg (*1961) – deutscher Wirtschaftsberater, Motivationstrainer und Autor
Zitate Nr. 37, 148, 358

Lorenz, Konrad (1903–1989) – österreichischer Zoologe und Verhaltensforscher
Zitat Nr. 76

Ludin, Walter (*1945) – Schweizer Theologe, Journalist, Aphoristiker und Buchautor
Zitat Nr. 114

Luther, Martin (1483–1546) – deutscher Theologe und Reformator
Zitat Nr. 249

M

MacDonald, George (1824–1905) – schottischer Autor, Poet und christlicher Missionar
Zitat Nr. 199

Machiavelli, Niccoló (1469–1527) – italienischer Politiker, Philosoph und Schriftsteller
Zitat Nr. 343

Mackenzie, Alexander Campbell (1847–1935) – schottischer Komponist und Dirigent
Zitat Nr. 357

May, Karl (1842–1912) – deutscher Schriftsteller
Zitat Nr. 170

Menander (342 oder 341 v. Chr.–291 v. Chr.) – griechischer Komödiendichter
Zitat Nr. 342

Metzler, Jutta (*1965) – deutsche Werbetexterin und Autorin
Zitat Nr. 102

Mommertz, Paul (*1930) – deutscher Schriftsteller und Drehbuchautor
Zitat Nr. 99

Morgenstern, Christian (1871–1914) – deutscher Schriftsteller, Journalist und Übersetzer
Zitate Nr. 86, 196, 290

Mulford, Prentice (1834–1891) – US-amerikanischer Journalist und Warenhausbesitzer
Zitat Nr. 57

Munke, Alexander (*1960) – deutscher Entertainer, Referent und Coach
Zitat Nr. 110

N

Napoleon Bonaparte (1769–1821) – französischer Feldherr, Politiker und Kaiser der Franzosen
Zitat Nr. 168

Nietzsche, Friedrich (1844–1900) – deutscher Philosoph und Schriftsteller
Zitate Nr. 59, 201

Nobel, Alfred (1833–1896) – schwedischer Chemiker, Erfinder des Dynamits
Zitat Nr. 72

O

Oppenheim, James (1882–1932) – US-amerikanischer Dichter, Autor und Herausgeber
Zitat Nr. 269

Osler, William (1849–1919) – kanadischer Internist
Zitat Nr. 351

P

Pannek, Else (1932–2010) – deutsche Dichterin und Aphoristikerin
Zitate Nr. 21, 126

Pascal, Blaise (1623–1662) – französischer Religionsphilosoph, Mathematiker und Physiker
Zitat Nr. 232

Paul, Jean (1763–1825) – deutscher Schriftsteller
Zitat Nr. 192

Pessoa, Fernando (1888–1935) – portugiesischer Schriftsteller
Zitat Nr. 331

Pestalozzi, Johann Heinrich (1746–1827) – Schweizer Pädagoge und Sozialreformer
Zitat Nr. 152

Petrarca, Francesco (1304–1374) – italienischer Humanist, Dichter und Lyriker
Zitat Nr. 212

Petronius, Titus, auch Arbiter genannt (um 14 n. Chr. – 66 n. Chr.) – römischer Senator und Schriftsteller
Zitat Nr. 287

Pfeffel, Gottlieb Konrad (1736–1809) – deutscher Schriftsteller und Pädagoge
Zitat Nr. 302

Picabia, Francis (1879–1953) – französischer Maler, Schriftsteller und Filmemacher
Zitat Nr. 52

Pilsl, Karl (*1948) – deutscher Wirtschaftsjournalist und Unternehmer
Zitate Nr. 223, 240, 253, 361

Platon (428/427 v. Chr.–348/347 v. Chr.) – griechischer Philosoph
Zitat Nr. 178

Probst, Ernst (*1946) – deutscher Journalist und Verleger
Zitat Nr. 88

Proust, Marcel (1871–1922) – französischer Journalist und Schriftsteller
Zitate Nr. 69, 145

Q

Quadbeck-Seeger, Hans-Jürgen (*1939) – deutscher Chemiker, Manager und Autor
Zitate Nr. 151, 215, 297

R

Richter, Horst-Eberhard (*1923) – deutscher Psychoanalytiker
Zitate Nr. 177, 185

U

Uhland, Ludwig (1787–1862) – deutscher Dichter, Jurist und Politiker
Zitat Nr. 255

V

Vauvenargues, Luc de (1715–1747) – französischer Philosoph
Zitate Nr. 124, 355

Verne, Jules (1828–1905) – französischer Schriftsteller
Zitate Nr. 30, 143

Vivekânanda, Swami (1863–1902) – Inder, Gründer der Ramakrishna-Bewegung
Zitate Nr. 9, 55

Voltaire (1694–1778) – französischer Philosoph, Historiker und Schriftsteller
Zitat Nr. 340

W

Walsh, Basil S. (1878–1943) – US-amerikanischer Versicherungsunternehmer
Zitat Nr. 238

Wandl, Richard A. (*1951) – deutscher Unternehmer und Motivationstrainer
Zitat Nr. 362

Weber, Max (1864–1920) – deutscher Jurist, Soziologe und Nationalökonom
Zitat Nr. 106

Weidemann, Kurt (1922–2011) – deutscher Grafikdesigner, Typograf und Autor
Zitate Nr. 5, 62, 67, 279, 284, 309, 325

Wertheimer, Emanuel (1846–1916) – deutsch-österreichischer Philosoph und Aphoristiker
Zitate Nr. 63, 200, 221, 295, 305

Weyh, Helmut (*1934) – deutscher Unternehmensberater und Coach
Zitat Nr. 225

Wilbrandt, Adolf von (1837–1911) – deutscher Theaterdirektor
Zitat Nr. 198

Wilde, Oscar (1854–1900) – irischer Schriftsteller
Zitat Nr. 38

Wilson, Thomas Woodrow (1856–1924) – 28. Präsident der Vereinigten Staaten von Amerika
Zitat Nr. 36

Winterheller, Manfred (*1954) – österreichischer Unternehmer, Managementtrainer
Zitat Nr. 360

X

Xenophon (um 426 v. Chr. – um 355 v. Chr.) – griechischer Schriftsteller, Politiker und Feldherr
Zitat Nr. 239

Y

Yeats, William Butler (1865–1939) – irischer Dichter und Dramatiker und Nobelpreisträger
Zitat Nr. 244

Z

Zielke, Horst D. (*1942) – deutscher Private Tutor
Zitat Nr. 155

Zindler, Harald (*1944) – deutscher Umweltaktivist, Mitbegründer von Greenpeace Deutschland
Zitat Nr. 202

Zola, Émile (1840–1902) – französischer Schriftsteller
Zitat Nr. 101

Open Innovation

Open Innovation ist die Öffnung des Innovationsprozesses von Organisationen und damit die aktive strategische Nutzung der Außenwelt zur Vergrößerung des Innovationspotenzials.[29] Der Begriff Open Innovation ist auf Henry Chesbrough von der University of California[30] zurückzuführen. Nach Gassmann und Enkel[31] kann Open Innovation in die drei Kernprozesse Outside-In-, Inside-Out- und den Coupled-Prozess zerlegt werden.

In diesem Buch betrachten wir lediglich den Outside-In-Prozess, der Vollständigkeit halber seien hier jedoch alle drei Kernprozesse kurz beschrieben.

Outside-In-Prozess
Der Outside-In-Prozess ist die Integration externen Wissens in den internen Innovationsprozess. Sie zapfen neue Wissensquellen an und beziehen Gedanken und Ideen vieler Menschen außerhalb Ihres Unternehmens mit ein. Vor allem Kunden und potenzielle Mitarbeiter (Bewerber) – für die Innovationen ja gemacht werden – aber auch unbeteiligte Amateure, Experten, Lieferanten, Kooperationspartner und Multiplikatoren können in diesem Prozess ihr Wissen und ihre Erfahrungen, aber auch ihre Wünsche und Erwartungen auf sehr direktem Weg einbringen.

Inside-Out-Prozess
Der Inside-Out-Prozess ist die Externalisierung, also die Verlagerung von internem Wissen nach außen. Hierbei werden beispielsweise derzeit nicht selbst genutzte Ideen (Patente) kommerzialisiert und/oder eigene Basistechnologien im Markt verbreitet, um dann von der Vermarktung der darauf aufbauenden Produkte und Dienstleistungen zu profitieren.

---

29 http://de.wikipedia.org/wiki/Open_Innovation

30 Haas School of Business an der University of California, Berkeley

31 Gassmann, O./Enkel, E. (2006): Open Innovation. Die Öffnung des Innovationsprozesses erhöht das Innovationspotential, in: zfo – Zeitschrift Führung + Organisation, 3/2006 (75. Jg.), S. 132–138

Der Coupled-Prozess ist eine Mischform aus dem Outside-In-Prozess und dem Inside-Out-Prozess. So werden beispielsweise strategische Allianzen für gemeinsame Entwicklungen geschlossen oder Innovationsnetzwerke initiiert oder genutzt.

Die besten Ideen sind (Ei)nfach

Verblüffende Lösungen für Ihr Personal- und Ausbildungsmarketi

Das Ei des Kolumbus

Sicher haben Sie schon mal vom Ei des Kolumbus gehört. Das Ei des Kolumbus ist eine Redewendung für eine überraschend einfache und praktische Lösung eines zunächst scheinbar kaum lösbaren Problems. Doch woher stammt der Begriff eigentlich?

Völlig zweifelsfrei ist die Entstehung dieses geflügelten Wortes nicht zu belegen. Der Erzählung nach reagierte Kolumbus nach seiner ersten Amerikareise bei einem Gastmahl bei Kardinal Mendoza im Jahre 1493 auf die geäußerte Behauptung, die Entdeckung von Amerika (damals glaubte man noch, dass man Indien entdeckt hätte) sei nichts Außergewöhnliches. Jeder wäre auf die gleiche Idee gekommen, wenn man nur früher daran gedacht hätte. Kolumbus hat daraufhin ein Ei genommen und die übrigen Gäste gefragt, wer es auf einem der beiden Enden zum Stehen bringen könne. Als dies keinem gelang, nahm Kolumbus das Ei und drückte es durch Aufschlagen an einem Ende so ein, dass es stand.

Die Schlussfolgerung: Den richtigen Einfall zur richtigen Zeit hat eben nicht jeder. Die Lösung einer zunächst scheinbar unlösbaren Aufgabe ist oft verblüffend einfach.

...owie Ihr Recruiting bekommen Sie bei Quergeist.com

Ideenkiller. Verbale Keulen, um Ideen abzuwürgen!

Wie hätten Sie denn gerne in der nächsten Besprechung Ihre Ideen und Vorschläge? Blockiert, sabotiert, belächelt oder noch nicht einmal ignoriert? Vom verbalen Vorschlaghammer bis zum verschlagenen Grinsen ist alles tauglich, neue Gedanken und Ideen bereits im Keim zu ersticken.

Wie sieht die Ideenkultur in Ihrem Unternehmen aus? Erfahren Sie, welche Phrasen und Sprüche Gift sind für kreative Meetings. Ideenkiller sind verbale Äußerungen, um neue Ideen abzuwürgen. In der Regel sind Ideenkiller weder schnell noch leicht zu widerlegen.

Sorgen Sie dafür, dass in Ihrem Umfeld notwendige Weiterentwicklungen und Erneuerungen nicht blockiert werden. Sagen Sie den Ideenkillern den Kampf an!

1. Tolle Idee, aber nicht für uns!
2. Das ist kein Einfall, sondern Abfall!
3. ... und Sie glauben also, die haben gerade auf uns gewartet?
4. Das ist nicht im Budget.
5. Das mag zwar theoretisch stimmen, aber ...
6. Technisch ist das nicht machbar ...
7. Wo kämen wir denn hin, wenn hier jeder seine Meinung sagen würde?
8. Quatsch!
9. Die würden denken, wir sind nicht ganz bei Trost.
10. Da stimmt der Boss nie zu.
11. Lassen Sie uns einen Arbeitskreis bilden.
12. Haben Sie eine Ahnung, wie viel Papierkram das bedeutet?
13. Das ist doch Wunschdenken!
14. Das hat sich doch bewährt, warum also ändern?
15. Natürlich – Sie wissen es besser!

16. Dazu haben wir nicht die richtigen Leute.
17. Wir haben es immer schon so gemacht.
18. Bekanntlich ist es doch so ...
19. Viel zu teuer!
20. Alle wissen hier, dass ... – nur Sie scheinen es nicht zu begreifen.
21. Damit kommen wir hier nicht durch!
22. Alles graue Theorie.
23. Geht nicht!
24. Schreiben Sie das auf. Ich beschäftige mich später damit.
25. Das ist gegen die Vorschriften.
26. Das haben wir früher schon mal versucht.
27. Das ist nicht unser Bier.
28. Dafür werden wir nicht bezahlt.
29. Das ist nicht in unserem Kompetenzbereich.
30. Da gibt es doch wirklich wichtigere Aufgaben.
31. Sie müssten doch endlich kapieren, ...
32. Abwarten und Tee trinken!
33. Das bringt doch nichts.
34. Das weiß doch jedes Kind ...
35. Ich habe Ihnen doch schon tausendmal gesagt, ...
36. Dafür ist die Zeit noch nicht reif!
37. Warum denn so eilig?
38. Wenn das nur gut geht.
39. Der Letzte, der das vorschlug, ist nicht mehr hier.
40. Das geht nie.
41. Dafür sind Sie zu jung.
42. Weil ich es so sage.
43. Haben wir alles schon versucht!
44. Ich habe keine Zeit!
45. Wir wissen, was unsere Kunden / Bewerber wollen!
46. Zu spät!
47. Dafür sind wir nicht zuständig.
48. Ich komme auf Sie zu.
49. Der Plan will doch ganz was anderes ...
50. Das hört sich an, als ob es meine Kinder sagen.

51. Seit xx Jahren hat sich das bewährt. Jetzt soll es nicht mehr taugen?
52. Warten wir doch erst mal ab.
53. Das ist nicht umwerfend.
54. Ja, wirklich?
55. – Gelächter –
56. – Stille –
57. Lassen Sie es hier, ich werde es überarbeiten.
58. Das ist nicht durchführbar.
59. Bleiben wir sachlich.
60. Bitte nun aber ernsthaft.
61. Ich habe eine bessere Idee.
62. Seit Jahren kommen Sie immer wieder mit dem gleichen Vorschlag.
63. Über 90 % Prozent der Leute werden so etwas ablehnen.
64. Erlauben Sie mir, den Advocatus diaboli zu spielen.
65. Sie haben Ihre Aufgabe offensichtlich falsch verstanden.
66. Niemand wird Sie verstehen.
67. Das ist ein Thema für das nächste Meeting.
68. Das löst nur die Hälfte unserer Probleme.
69. Warum sollen wir uns so anstrengen?
70. Ja, aber ….
71. Kommen Sie wieder, wenn Sie auch … überzeugt haben.
72. Der Prozess kann dadurch nicht beschleunigt werden.
73. Wir wollen uns doch nur auf Kernbereiche fokussieren.
74. Als Experte kann ich Ihnen sagen, dass …
75. So haben wir das noch nie gemacht.
76. Wie jeder hier weiß, …
77. Als Mitarbeiter unserer Firma müssten Sie eigentlich wissen, …
78. Zu altmodisch!
79. Zu modern!
80. Wem ist das denn eingefallen?
81. Auch Sie werden nicht herumkommen, einzusehen, …
82. Das werden die uns da oben nie abnehmen.
83. Wollen Sie die Verantwortung übernehmen?
84. Die Kosten wurden zu wenig beachtet.
85. Jedes Ding hat doch zwei Seiten.

86. Sie wollen doch damit nur sagen, ...
87. Die Antwort lautet Jein!
88. Das ist gegen unsere Geschäftsphilosophie.
89. Das entspricht nicht unserer Strategie!
90. Sind Sie sich im Klaren, was das bedeutet?
91. Ich höre, was Sie sagen.
92. Niemand wird so etwas kaufen.
93. Das haben wir schon bis zum Geht nicht mehr gemacht.
94. Sind wir dafür vorbereitet?
95. Wir sind eh schon überlastet.
96. Der Computer kann das nicht verarbeiten.
97. Für so etwas werden wir nie Zeit haben.
98. Mir scheint das widersinnig.
99. Und, was ist wirklich neu daran?
100. Warten Sie bitte, bis Sie an der Reihe sind.
101. Sie scherzen, oder?
102. Diese Idee hatte der Chef schon mal.
103. Wenn ... – dann ...
104. Da bin ich bei Ihnen, aber ...
105. Bisher ging es auch so.
106. Dafür haben wir keinen Bedarf.
107. Das hat zur Zeit keine Priorität!
108. Das Problem daran ist ...
109. Das wäre zu schön, um wahr zu sein.
110. Geht das auch etwas konkreter?
111. In der Theorie vielleicht.
112. In diesen Zeiten?
113. Sie machen nur Spaß, oder?
114. Und das ist also Ihr Plan?
115. Und was soll das kosten?
116. Was Sie wirklich meinen, ist doch ...
117. Wen interessiert das?
118. Wenn es so weit kommt ...

Am Rande sei noch erwähnt, dass eine kritische Auseinandersetzung mit neuen Ideen natürlich nicht grundsätzlich verboten ist. Konstruktive Kritik ist gewollt und zielführend, denn dadurch gibt es weitere Impulse – also keine Angst! Ideen sind dazu da, um kritisiert und so weiterentwickelt zu werden. Wichtig ist jedoch die Art und Weise der Kommunikation und der grundsätzliche Umgang mit Ideen und Ideengebern.

Wenn nach Argumenten gesucht wird, warum eine Idee nicht realisierbar ist, ist es hilfreich, den Blickwinkel zu ändern und zu fragen: „Was müsste getan werden, um die Idee erfolgreich umzusetzen." Fragen Sie beispielsweise auch: „Was ist die größte Chance, wenn wir die Idee umsetzen?" Natürlich müssen Sie sich auch fragen, was im schlimmsten Fall passieren kann. Sehr, sehr oft ist es dann so, dass der mögliche Nutzen den denkbaren Schaden übersteigt bzw. das Worst-Case-Szenario durchaus kalkulierbar ist.

Zum Weiterlesen

Ein paar Lesempfehlungen zum Thema – weit, weit weg davon, alle relevanten Titel aufzuführen:

Employer Branding: Arbeitgeber positionieren und präsentieren
Armin Trost (Herausgeber)
Verlag: Luchterhand (Juni 2009)
ISBN: 978-3472074854

Personalmarketing 2.0: Vom Employer Branding zum Recruiting
Christoph Beck (Herausgeber)
Verlag: Luchterhand (Juni 2008)
ISBN: 978-3472071976

Social Media im Personalmarketing
Dominik Bernauer (Autor), Gero Hesse (Autor), Steffen Laick (Autor)
Verlag: Luchterhand (Hermann) (Dezember 2010)
ISBN: 978-3472078739

Wie man Mitarbeiter motiviert.
Motivation und Motivationsförderung im Führungsalltag
Norbert Albs (Autor)
Verlag: Cornelsen (Februar 2005)
ISBN: 978-3589236800

1001 Tipps zur Mitarbeitermotivation:
Verblüffende Ideen für einen motivierenden Geschäftsalltag
Daniel Zanetti (Autor)
Verlag: Redline Wirtschaftsverlag (Dezember 2007)
ISBN: 978-3636015372

Nachhaltige und wirksame Mitarbeitermotivation: Praxisgrundsätze,
Fallbeispiele, Motivations- und Führungsprinzipien u.v.m.
Marco De Micheli (Autor)
Verlag: Praxium (Januar 2006)
ISBN: 978-3952295830

Mythos Motivation: Wege aus einer Sackgasse
Reinhard K. Sprenger (Autor)
Verlag: Campus Verlag (Februar 2010)
ISBN: 978-3593392004

Motivaction: Begeisterung ist übertragbar
Klaus Kobjoll (Autor), Daniel Wagen (Herausgeber)
Verlag: Orell Fuessli (Januar 2005)
ISBN: 978-3280021927

Jour fixe um 6: Mitarbeiterführung mal anders
Christian Zipfel (Autor)
Verlag: Wiley-VCH Verlag GmbH & Co. KgaA (Februar 2008)
ISBN: 978-3527503575

Menschen führen – Leben wecken
Anselm Grün (Autor)
Verlag: Deutscher Taschenbuch Verlag (Januar 2006)
ISBN: 978-3423342773

Die Personalfalle
Schwaches Personalmanagement ruiniert Unternehmen
Jörg Knoblauch (Autor)
Verlag: Campus Verlag (März 2010)
ISBN: 978-3593390895

Die glückliche Gesellschaft:
Was wir aus der Glücksforschung lernen können
Richard Layard (Autor)
Verlag: Campus Verlag (März 2009)
ISBN: 978-3593389226

Drive: Was Sie wirklich motiviert
Daniel H. Pink (Autor)
Verlag: Ecowin Verlag (September 2010)
ISBN: 978-3902404954

Die fünf Geheimnisse, die Sie entdecken sollten, bevor Sie sterben
John Izzo (Autor), Ursula Rahn-Huber (Übersetzer)
Verlag: Goldmann Verlag (April 2010)
ISBN: 978-3442156177

Die Weisheit der Vielen:
Warum Gruppen klüger sind als Einzelne
James Surowiecki (Autor), Gerhard Beckmann (Übersetzer)
Verlag: Goldmann Verlag (Juni 2007)
ISBN: 978-3442154463

Die Ideenmaschine:
Methode statt Geistesblitz – Wie Ideen industriell produziert werden
Nadja Schnetzler (Autor)
Verlag: Wiley-VCH Verlag GmbH & Co. KGaA (August 2006)
ISBN: 978-3527502691

Spinnen ist Pflicht: Querdenken und Neues schaffen
Anke Meyer-Grashorn (Autor)
Verlag: Buch & Media (Juni 2009)
ISBN: 978-3869060491

Nur Tote bleiben liegen:
Entfesseln Sie das lebendige Potenzial in Ihrem Unternehmen
Anja Förster (Autor), Peter Kreuz (Autor)
Verlag: Campus Verlag (September 2010)
ISBN: 978-3593392202

Worte und Werte
Kurt Weidemann (Autor)
Verlag: Hermann Schmidt (Oktober 2005)
ISBN: 978-3874396905

Tausend und eine Macht.
Marketing und moderne Hirnforschung
Werner T. Fuchs (Autor)
Verlag: Orell Fuessli (August 2005)
ISBN: 978-3280050330

Think Limbic!, m. Audio-CD
Hans-Georg Häusel (Autor)
Verlag: Haufe Verlag (2005)
ISBN: 978-3448049787

Wie Werbung wirkt. Erkenntnisse des Neuromarketing.
Dirk Held (Autor), Christian Scheier (Autor)
Verlag: Haufe-Lexware (Mai 2006)
ISBN: 978-3448072518

Lechts oder rinks: Warum wir Fehler machen
Joseph T. Hallinan (Autor), Martin Bauer (Übersetzer)
Verlag: Ariston (September 2009)
ISBN: 978-3424200164

Lassen Sie Axel Haitzer sprechen. Er inspiriert!

Wenn Sie auf einer Tagung, einem Kongress, Seminar, Kick-off oder sonstigem Bildungsevent Ihre Gäste begeistern möchten, buchen Sie Axel Haitzer als Redner: mitreißend, leidenschaftlich, unterhaltend, interaktiv, mit Wow-Effekt und VORdenk-Garantie. Er ist Mitglied in der German Speakers Association (GSA), der Plattform für professionelle deutschsprachige Trainer und Referenten. In den letzten Jahren hat er mehrere Tausend Seminarteilnehmer geschult und seine Zuhörer mit spannenden Inhalten gefesselt.

Alle von Axel Haitzer entwickelten Vorträge, Seminare und Workshops haben das Ziel, die hohen Erwartungen in puncto Begeisterung der Teilnehmer, Effizienz und nachhaltigem Praxistransfer zu übertreffen.

Seine Themen rund ums Personal- und Ausbildungsmarketing:

- ✓ Bewerbermagnet – so werden Sie zum bevorzugten Arbeitgeber
- ✓ Azubi-Recruiting – gewinnen Sie den Wettlauf um die besten Schulabgänger
- ✓ Hirn statt Budget – Guerilla-Marketing-Methoden im Recruiting
- ✓ Personalauswahl neu denken – Potenzial schlägt Noten und Abschlüsse
- ✓ Xing, Facebook & Co. – Spielregeln im Web 2.0
- ✓ Trends im Personalmarketing und Recruiting

Machen Sie Ihre Veranstaltung zu einem Highlight auf höchstem Niveau – begeistern Sie Ihr Publikum!

Neben vielen anderen nutzten und nutzen folgende Verbände und Firmen die Trainingserfolge für ihre Mitarbeiter, Geschäftspartner und Kunden: Arbeitsagentur, bayme, BVMW, VDMA, IHKs, verschiedene genossenschaftliche Banken, Sparkassen, UniCredit Group, DEVK, Metro AG.

Weitere Informationen und alle Kontaktdaten finden Sie unter www.Quergeist.com. Alternativ freuen wir uns über Ihre E-Mail an *willkommen@quergeist.de*

Quellen & Freigaben für Texte

Einen ganz herzlichen Dank an die Autoren, Verlage oder sonstigen Rechteinhaber für die Abdruckgenehmigung. Den meisten genügt die Namensnennung des Autors unter dem Zitat; einige baten darum, das Werk und ggf. auch weitere Details zu nennen – diesem Wunsch komme ich gerne nach.

Mary Kay Ash
Für die kostenfreie Abdruckgenehmigung der Zitate – mit den Nummern 95, 243 und 248 – danke ich Frau Doris Natalie Danecker von der Mary Kay Cosmetics GmbH in München.

Frank-Markus Barwasser
Die Definition von „Image" steht im Buch „*Erwin Pelzig: Was wär' ich ohne mich*" – © 2003 Piper Verlag GmbH, München. Mein Dank für die unentgeltliche Freigabe geht an Herrn Frank-Markus Barwasser und an Frau Andrea Binder vom Piper Verlag.

Ernst Jandl
Das Gedicht „lichtung" – mit der Zitatnummer 150 – ist dem Buch „*Ernst Jandl, poetische Werke, hrsg. von Klaus Siblewski*", entnommen.
© 1997 Luchterhand Literaturverlag, München, in der Verlagsgruppe Random House GmbH

Francis Picabia
Das Buch „*Francis Picabia, Unser Kopf ist rund, damit das Denken die Richtung wechseln kann*" ist bei Edition Nautilus, Verlag Lutz Schulenburg, in Hamburg erschienen. Ein herzliches Vergelt's Gott an Frau Hanna Mittelstädt für die unentgeltliche Freigabe.

Albert Schweitzer
Das Zitat Nr. 270 finden Sie im Buch „*Mit Albert Schweitzer durch das Jahr – Spuren der Liebe*". Es ist im Mitteldeutschen Verlag aus Halle erschienen. Herzlichen Dank an Herrn Roman Pliske für die kostenlose Abdruckgenehmigung. Die Freigabe des Zitats Nr. 234 erteilte der Verlag C. H. Beck oHG aus München kostenlos. Danke, Frau Jenny Royston.
Bitte unterstützen Sie den Albert-Schweitzer-Verband der Familienwerke und Kinderdörfer e.V.[32] mit einer Spende. Ihr Geld wird dort für vielfältige Aufgaben und Projekte dringend benötigt und wird garantiert im humanistischen Sinne von Albert Schweitzer eingesetzt.

Kurt Weidemann
Auch Herrn Professor Weidemann danke ich für die freundliche Genehmigung, seine Zitate zu veröffentlichen. Wenige Monate vor seinem Tod erteilte er die Freigabe. Die Zitate sind seinem Buch „*Worte und Werte*" vom Hermann Schmidt Verlag, Mainz, entnommen.

---

32 http://www.albert-schweitzer-verband.de

Bildnachweise

Umschlagmotiv: © mstay, 4x6 und Leontura – Benutzung unter Lizenz von istockphoto.com

Seite 15: © www.mindPool.cc

Seite 30 bis 52: Die Bildrechte liegen, sofern nicht direkt auf der jeweiligen Seite anders angegeben, bei dem jeweiligen Mitglied des Expertengremiums.

Seite 55: © Blaz Kure – Benutzung unter Lizenz von Shutterstock.com

Seite 56: © Palto – Benutzung unter Lizenz von Shutterstock.com

Seite 57, links: © Oliver Hoffmann – Benutzung unter Lizenz von Shutterstock.com

Seite 57, rechts: © JOBquick.com – Benutzung unter Lizenz von aicovo.com

Seite 59: © JOKA – Benutzung unter Lizenz von quergeist.com

Seite 63: © JOKA – Benutzung unter Lizenz von aicovo.com

Seite 66: © James Steidl, Jef Thompson – Benutzung unter Lizenz von Shutterstock.com

Seite 71: © pzAxe – Benutzung unter Lizenz von Shutterstock.com

Seite 101: © schmetfad – Benutzung unter Lizenz von Shutterstock.com

Seite 104: © Axel Haitzer

Seite 107: © advent – Benutzung unter Lizenz von Shutterstock.com

Seite 116: © Arturs Dimensteins – Benutzung unter Lizenz von Shutterstock.com

Seite 122: © gornjak – Benutzung unter Lizenz von Shutterstock.com

Seite 125: © advent – Benutzung unter Lizenz von Shutterstock.com

Seite 132, oben: © LoopAll – Benutzung unter Lizenz von Shutterstock.com

Seite 132, unten: © i3alda – Benutzung unter Lizenz von Shutterstock.com

Seite 138: © HitToon.Com, Jef Thompson – Benutzung unter Lizenz von Shutterstock.com

Seite 141: © Yuri Arcurs – Benutzung unter Lizenz von Shutterstock.com

Seite 146: © advent – Benutzung unter Lizenz von Shutterstock.com

Seite 153, oben: © serg_dibrova – Benutzung unter Lizenz von Shutterstock.com

Seite 153, unten: © advent – Benutzung unter Lizenz von Shutterstock.com

Seite 156: © advent – Benutzung unter Lizenz von Shutterstock.com

Seite 159: © black master – Benutzung unter Lizenz von Shutterstock.com

Seite 167: © PaintDoor – Benutzung unter Lizenz von Shutterstock.com

Seite 168: © tsaplia, Jef Thompson – Benutzung unter Lizenz von Shutterstock.com

Seite 173: © advent – Benutzung unter Lizenz von Shutterstock.com

Seite 182: © advent – Benutzung unter Lizenz von Shutterstock.com

Haben Sie sich schon
den kostenlosen
Newsletter gesichert?
Bewerbermagnet.com

Wer mehr passende Azubis will, muss ins Kloster!

Die Praxis-Seminare **Azubi-Recruiting und Ausbildungsmarketing** finden in der Abtei der Benediktinerinnen auf Frauenwörth inmitten einer ursprünglichen schönen Landschaft im bayerischen Alpenvorland auf der Fraueninsel im Chiemsee statt.

Termine unter www.Ausbildungsmarketing.com